彩图 1　山农 5 号

彩图 2　申青 1 号

彩图 3　冬秀

彩图 4　MK160

黄板、蓝板诱杀白粉虱、蓟马等

白粉虱天敌丽蚜小蜂

蚜虫天敌七星瓢虫

蚜虫天敌草蛉

彩图 5　各类害虫天敌图

彩图 6　黄瓜炭疽病子叶、真叶发病症状

彩图 7　黄瓜霜霉病的发病叶片中后期症状

彩图 8　黄瓜靶斑病病叶（靶斑病病斑放大观察，有眼状靶心）

彩图 9　黄瓜白粉病叶片发病症状

彩图 10　黄瓜绵疫病病瓜

彩图 11　黄瓜蔓枯病病叶

彩图 12　黄瓜枯萎病发病叶片和整株症状

彩图 13　黄瓜灰霉病发病叶片和病瓜

彩图 14　黄瓜疫病发病叶片和病瓜

彩图 15　黄瓜黑星病病叶和病瓜

彩图 16　黄瓜菌核病病叶和病瓜

彩图 17　黄瓜黑斑病病叶

彩图 18　黄瓜猝倒病茎基部缢缩倒伏

彩图 19　黄瓜根腐病病根

彩图 20　黄瓜细菌性角斑病发病叶片及茎部症状

彩图 21　黄瓜细菌性叶枯病叶片症状

彩图 22　黄瓜病毒病病叶及病瓜

彩图 23　弯曲瓜

彩图 24　尖嘴瓜

彩图 25　细腰瓜

彩图 26　大肚瓜

彩图 27　化瓜

彩图 28　低温障碍引发沤根

彩图 29　黄瓜花打顶

彩图 30　斑潜蝇为害的叶片

彩图 31　白粉虱为害黄瓜叶片

彩图 32　蚜虫及蚜虫分泌物

彩图 33　蓟马为害黄瓜花器

黄瓜高效栽培

主　编　苗锦山

副主编　李云玲　贾令鹏

参　编　刘　杰　孙明茂　刘晓明　代惠洁

机　械　工　业　出　版　社

本书共分十章，针对黄瓜生产中的实际需求详细介绍了黄瓜高效栽培优良品种、育苗管理技术、露地高效栽培管理和加工技术、棚室栽培设施设计与建造、保护地高效栽培技术、有机黄瓜高效栽培技术、特种黄瓜栽培技术，以及黄瓜的病虫害诊断及综合防治技术，还附有黄瓜高效栽培实例。另外，本书设有“提示”“注意”等小栏目，内容全面翔实，图文并茂，通俗易懂，实用性强，可以帮助种植户更好地掌握黄瓜栽培技术要点。

本书适合黄瓜种植者和农技推广人员使用，也可供农业院校相关专业师生参考。

图书在版编目（CIP）数据

黄瓜高效栽培/苗锦山主编. —北京：机械工业出版社，2014.10
（2021.3 重印）
（高效种植致富直通车）
ISBN 978-7-111-47947-5

Ⅰ.①黄…　Ⅱ.①苗…　Ⅲ.①黄瓜—蔬菜园艺　Ⅳ.①S642.2

中国版本图书馆 CIP 数据核字（2014）第 210680 号

机械工业出版社（北京市百万庄大街 22 号　邮政编码 100037）
总 策 划：李俊玲　张敬柱　　策划编辑：高　伟　郎　峰
责任编辑：高　伟　郎　峰　李俊慧　　版式设计：赵颖喆
责任校对：张　力　　责任印制：郜　敏
北京中兴印刷有限公司印刷
2021 年 3 月第 1 版第 4 次印刷
140mm×203mm · 6.5 印张 · 4 插页 · 168 千字
标准书号：ISBN 978-7-111-47947-5
定价：29.80 元

电话服务　　网络服务
客服电话：010-88361066　　机　工　官　网：www.cmpbook.com
010-88379833　　机　工　官　博：weibo.com/cmp1952
010-68326294　　金　　书　　网：www.golden-book.com
封底无防伪标均为盗版　　机工教育服务网：www.cmpedu.com

高效种植致富直通车
编审委员会

序

园艺产业包括蔬菜、果树、花卉和茶等，经多年发展，园艺产业已经成为我国很多地区的农业支柱产业，形成了具有地方特色的果蔬优势产区，园艺种植的发展为农民增收致富和“三农”问题的解决做出了重要贡献。园艺产业基本属于高投入、高产出、技术含量相对较高的产业，农民在实际生产中经常在新品种引进和选择、设施建设、栽培和管理、病虫害防治及产品市场发展趋势预测等诸多方面存在困惑。要实现园艺生产的高产高效，并尽可能地减少农药、化肥施用量以保障产品食用安全和生产环境的健康离不开科技的支撑。

根据目前农村果蔬产业的生产现状和实际需求，机械工业出版社坚持高起点、高质量、高标准的原则，组织全国20多家农业科研院所中理论和实践经验丰富的教师、科研人员及一线技术人员编写了“高效种植致富直通车”丛书。该丛书以蔬菜、果树的高效种植为基本点，全面介绍了主要果蔬的高效栽培技术、棚室果蔬高效栽培技术和病虫害诊断与防治技术、果树整形修剪技术、农村经济作物栽培技术等，基本涵盖了主要的果蔬作物类型，内容全面，突出实用性，可操作性、指导性强。

整套图书力避大段晦涩文字的说教，编写形式新颖，采取图、表、文结合的方式，穿插重点、难点、窍门或提示等小栏目。此外，为提高技术的可借鉴性，书中配有果蔬优势产区种植能手的实例介绍，以便于种植者之间的交流和学习。

丛书针对性强，适合农村种植业者、农业技术人员和院校相关专业师生阅读参考。希望本套丛书能为农村果蔬产业科技进步和产业发展做出贡献，同时也恳请读者对书中的不当和错误之处提出宝贵意见，以便补正。

中国农业大学农学与生物技术学院

2014年5月

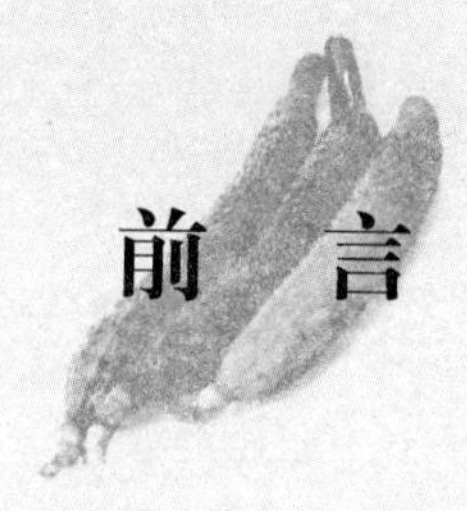

前言

黄瓜（*Cucumis sativus* L.），也称胡瓜、青瓜，属葫芦科黄瓜属植物，在我国已有两千年的栽培历史，广泛分布于我国各地，是重要的瓜类蔬菜之一。

近年来，随着我国农业产业结构调整及经济的快速发展，我国黄瓜的栽培状况发生了很大的变化，随着新品种的不断推出和栽培技术的提高，黄瓜产量大幅度增加，棚室栽培面积迅速扩大，基本实现了周年生产和季节性均衡供应，并极大地促进了黄瓜产业化进程，增加了农民收入，黄瓜产业发展也进入了健康发展的轨道。

如何总结归纳各地生产经验，并形成技术规范以便用于指导黄瓜的高效生产变得尤为重要。编者以此为出发点，从高产高效的角度，对黄瓜种植的良种选择、茬口优化安排、标准化露地高效栽培技术、保护地栽培技术及病虫害诊断与防治技术等进行了详细介绍，以期为我国黄瓜产业的规范、高效、健康发展提供参考。另外，书中设置了"提示""注意"等小栏目，还有黄瓜高效栽培实例，可以帮助种植户更好地掌握黄瓜栽培技术要点。

需要特别说明的是，本书所用药物及其使用剂量仅供读者参考，不可完全照搬。在生产实际中，所用药物学名、通用名和实际商品名称存在差异，病虫害发生程度不同施用药物的浓度也有所不同，建议读者在使用每一种药物之前，参阅厂家提供的产品说明以确认药物用量、用药方法、用药时间及禁忌等。

本书在写作过程中得到了国内相关专家的大力支持和帮助，并参引了许多专家、学者和同行们的研究成果和经验，在此一并谨致谢忱。

由于编者水平有限，书中难免存在错误和不当之处，恳请广大读者批评指正。

编 者

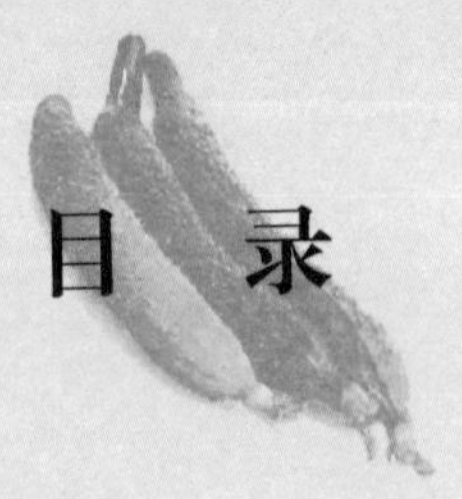

目 录

第四章 黄瓜露地高效栽培和加工技术

第五章 黄瓜棚室栽培常用设施设计与建造

第六章 黄瓜保护地高效栽培技术

第七章 黄瓜的有机高效栽培技术

第八章 黄瓜的特种栽培技术

第九章　黄瓜病虫害诊断及综合防治技术

第十章　黄瓜高效栽培实例

附录

参考文献

第一章 概述

第一节 黄瓜的起源和营养价值

黄瓜，也称胡瓜、青瓜，属葫芦科黄瓜属植物，广泛分布于我国各地，是重要的瓜类蔬菜之一，在我国已有两千年的栽培历史。黄瓜最早由西汉时期张骞出使西域带回中原，称为胡瓜，五胡十六国时后赵皇帝石勒忌讳“胡”字，汉臣襄国郡守樊坦将其改为“黄瓜”。

黄瓜是我国和世界各国人民喜爱的蔬菜，好吃又有营养。口感上，黄瓜肉质脆嫩、汁多味甘、芳香可口；营养上，富含蛋白质、脂肪、糖类、多种维生素以及钙、磷、铁、钾、钠、镁等营养成分。尤其是黄瓜中含有的细纤维素，可以降低血液中胆固醇、甘油三酯的含量，促进肠道蠕动，加速废物排泄，改善人体新陈代谢。新鲜黄瓜中含有的丙醇二酸，还能有效地抑制糖类物质转化为脂肪，因此，常吃黄瓜可以减肥和预防冠心病的发生。黄瓜的药用和营养价值主要有以下几个方面。

1. 抗肿瘤

黄瓜中含有的葫芦素C具有提高人体免疫功能的作用，可在一定程度上抑制肿瘤的发展。此外，该物质还可治疗慢性肝炎和迁延性肝炎，对原发性肝癌患者有延长生存期的作用。

2. 抗衰老

黄瓜中的黄瓜酶有很强的生物活性，能有效地促进机体的新陈

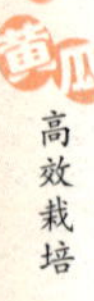

代谢；黄瓜中含有丰富的维生素 E，可起到延年益寿、抗衰老的作用。

3. 防酒精中毒

黄瓜中所含的丙氨酸、精氨酸和谷胺酰胺对肝脏病人，特别是对酒精性肝硬化患者有一定辅助治疗作用，可防治酒精中毒。

4. 降血糖

黄瓜中所含的葡萄糖甙、果糖等不参与通常的糖代谢，故糖尿病人以黄瓜代替淀粉类食物充饥，血糖非但不会升高，甚至会降低。

5. 减肥强体

黄瓜中所含的丙醇二酸，可抑制糖类物质转变为脂肪。此外，黄瓜中的纤维素对促进人体肠道内腐败物质的排除和降低胆固醇有一定作用，能强身健体。

6. 健脑安神

黄瓜含有维生素 B_1，对改善大脑和神经系统功能有利，能安神定志，辅助治疗失眠症。

【提示】 黄瓜的瓜把中含有较多苦味素，苦味成分为葫芦素 C，该成分具有一定的抗肿瘤作用，所以吃黄瓜时应避免浪费好东西，瓜把也应食用。

第二节 我国黄瓜栽培现状和特点

近年来，随着我国农业产业结构调整以及经济的快速发展，我国黄瓜的栽培状况也发生了很大的变化，随着新品种的不断推出和栽培技术的提高，黄瓜产量大幅度提高，棚室栽培面积迅速扩大，基本实现了周年生产和季节性均衡供应，并极大地促进了黄瓜产业化的进程。黄瓜生产情况表现有以下几个特征。

1. 栽培区域不断扩大

过去我国黄瓜栽培地区分布很不均匀，主要集中在一些气候条件及自然环境适宜的省份，如山东、河南、海南等地。近年来，我国黄瓜种植区分布逐渐扩大，区域化生产越来越突出，优势产区逐渐形成，如山东的寿光、苍山地区，辽宁的凌源、铁岭地区，安徽的和县，广东的徐闻，海南的三亚，云南的元谋、建水等地。特别是一些原来气候及地理环境不太适宜，黄瓜种植基础比较差的地区，如甘肃省、黑龙江省、新疆维吾尔自治区、贵州省、西藏自治区、内蒙古自治区等，近年来棚室黄瓜种植发展迅速，如在包头郊区、甘肃武威等地都有相对集中的近700公顷的黄瓜种植区。这也是近两年来导致我国黄瓜南菜北运量下降的原因。

2. 栽培品种更新加快

“六五”“七五”“八五”及“九五”科技攻关计划实施以来，我国黄瓜新品种选育工作发展迅速，成绩卓著，先后经历了两次大的品种更新，每次更新都使我国黄瓜生产水平跨上一个新台阶，其品种和栽培模式日趋丰富。

早在20世纪70年代，天津市农业科学院蔬菜研究所黄瓜课题组就育成以“津研4号”为代表的津研系列黄瓜品种，该品种集高产、抗病于一体，在生产上迅速推广应用，并成为当时的主栽品种。20世纪80年代天津市农业科学院黄瓜研究所又育成“津春”系列黄瓜品种，经过近10年的推广应用，已取代津研系列黄瓜品种而成为我国目前黄瓜的主栽品种，其栽培面积占黄瓜总面积的30%以上。同期中国农业科学院蔬菜花卉研究所育成的“中农5号”“中农7号”“中农8号”及黑龙江省农业科学院园艺所育成的“龙杂黄”系列黄瓜品种，也推广了一定的面积。20世纪90年代以来，天津市农业科学院黄瓜研究所育成了“津优”系列黄瓜新品种，经过多年推广，已经逐步成为部分地区的主栽品种。山东农业科学院蔬菜研究所育成的“鲁黄瓜4号”等，也推广了一定的种植面积。

同期，由于我国不同地区的人们对黄瓜消费习惯不同，一些具备区域适应性的品种也应运而生，如广东省农业科学院经济作物研究所与植物保护研究所合作育成的华南类型黄瓜“夏青”系列，在南方也推广了一定的栽培面积。吉林农业科学院蔬菜花卉研究所育成的“吉杂”系列旱黄瓜在黑龙江省及吉林省也有一定的栽培面积。

另外，为了与国际市场接轨，我国也育成了一些瓜面光滑的南方型黄瓜，如天津市农业科学院黄瓜研究所育成的“津美1号”“津优6号”黄瓜，在胶东半岛及江苏等省份有一定的栽培面积。一些国外的黄瓜品种，如以色列类型的黄瓜和荷兰类型的水果黄瓜，作为特菜，在我国的一些农业园区内也有种植。

3. 栽培茬口多样化

我国是大陆性季风气候国家，横跨热带、温带和寒带，地形多样，这造成了我国黄瓜栽培茬口的地方性和多样性。目前我国黄瓜种植主要有以下10多个茬口：大棚早春茬种植、春露地育苗种植（包括春季小拱棚种植）、春露地直播种植（包括露地直播后地膜覆盖种植）、夏露地种植、秋露地种植、大棚秋延迟种植、温室秋延后种植、日光温室越冬种植、温室早春茬种植（包括大棚多层覆盖栽培）、南方部分地区冬露地种植等。不同地区的栽培茬口、播种时间及适宜品种各不相同。根据不同的地理位置及栽培习惯，我国大体上可以分为6个黄瓜优势种植区，分别介绍如下。

1）东北类型种植区：主要包括黑龙江省、吉林省、辽宁省北部、内蒙古自治区、新疆北疆等地区。此区冬季气候严寒，虽然越冬加温温室黄瓜种植面积呈逐年上升趋势，但其栽培总面积仍然很小，主要为露地、大棚及日光温室栽培。

2）华北类型种植区：主要包括辽宁省南部、北京市、天津市、河北省、河南省、山东省、山西省、陕西省、江苏省北部。这是我国栽培茬口最多的一个地区，是我国主要的温室大棚黄瓜种植区，也是我国黄瓜最大生产区。

3）华中类型种植区：主要包括江西省、湖北省、浙江省、上海市、江苏省、安徽省。此区主要为露地和大棚黄瓜栽培，近几年来也发展了一些越冬日光温室，用作冬季栽培黄瓜。

4）华南类型种植区：主要包括广东省、广西壮族自治区、海南岛、福建省、云南省。此区一年四季均可露地种植黄瓜，冬季也有一些小拱棚及地膜覆盖栽培，但由于夏季温度偏高，夏黄瓜种植面积小。

5）西南类型种植区：主要包括四川省、重庆市、贵州省。此区属于高原地区，纬度低，海拔高，气候及地理环境复杂，栽培茬口多样，主要为露地及大棚黄瓜栽培，近年来四川、重庆的高山地区节能日光温室黄瓜也有了一定的栽培面积。

6）西北类型种植区：主要包括甘肃省、宁夏回族自治区、新疆南疆。此区黄瓜栽培基础较差，但近年来黄瓜栽培发展较快，特别是保护地黄瓜种植面积有了很大的增长，但种植技术与华北地区等地还有一定差距。另外，西藏自治区、青海省的黄瓜种植发展也很快，栽培总面积有了一定增长，以露地种植为主，但大棚、日光温室的种植面积也在逐年大幅增加。

第三节　我国黄瓜生产中存在的问题及发展趋势

一　我国黄瓜生产中存在的问题

虽然过去几十年间，我国黄瓜产量有了显著提高，但仍存在许多问题，主要表现在以下几个方面。

1. 黄瓜单产较低

过去几十年我国黄瓜产量的提高在很大程度上是依赖黄瓜种植面积的增加。我国黄瓜的单位面积产量相对较低，仅达到世界平均水平，与世界黄瓜生产发达国家的水平差距较大，如单位面积产量仅为法国的61.69%，是荷兰的1/13，与邻国日本和韩国相比也有非常大的差距。我国黄瓜单产低的原因较多，主要有以下4个方面。

1）黄瓜生产商品率低造成管理水平低、投入少。由于相当一部分面积种植的黄瓜由农民自己消费，因此管理粗放、投入少。

2）新品种更新换代慢。作为商品生产的黄瓜产值较高，但由于农民的商品意识普遍较低，造成新品种更新换代慢，良种利用率低。现在，仍有一些地区使用地方品种或较早育成的津研系列黄瓜品种。

3）我国黄瓜生产以露地栽培为主，保护地栽培面积相对较少。露地栽培生产周期短，黄瓜产量明显降低。同时，保护地生产设施简陋、管理水平低也是造成我国黄瓜单产低的原因。而荷兰等国家黄瓜生产以保护地，尤其以温室生产为主，黄瓜生产周期在10个月以上，单产明显高于我国。

4）黄瓜栽培配套技术研究应用不足。近年来，我国黄瓜栽培配套技术尤其是保护地黄瓜栽培技术研究明显不足，表现在黄瓜生产栽培技术"物化"成果较少，单位面积产量不高，成果转化率低，随着市场经济的发展，这种矛盾会更加突出。

2. 黄瓜加工率低

美国直接用来加工的黄瓜占栽培面积的60%以上，占总产量的50%以上，而且加工方法多样，附加值高。而我国生产的黄瓜绝大部分供作鲜食，只有在生育后期，品质下降时才作加工材料，而且加工工艺简单，商品率低。

3. 黄瓜生产组织化程度低，价格波动大

目前，我国黄瓜生产主要是根据农民个人的经验和喜好进行安排，缺乏必要的市场指导。而美国用于加工的黄瓜中，80%以上均是订单生产。我国黄瓜生产距实行订单生产还有较大距离。上述问题的存在常导致黄瓜生产波动，瓜贱伤农。

4. 保护地栽培环境逆境克服技术有待提高

保护地黄瓜生产经常受到低温、弱光等环境逆境危害，尤其是越冬日光温室黄瓜生产安全系数较低。虽然日光温室黄瓜生产具有节能、高效、产值高的特点，但是风险也较高。例如，2000年冬季至2001年春季的连续阴雨天给山东省的日光温室黄瓜生产造成严重损失，黄瓜产量降低、品质下降。同时，由于连续雨雪造成运输困难，使农民承受了较大的经济损失。另外，黄瓜常年连作造成土传病虫害多发，克服生物逆境难度较大。

5. 农药用量大、残留量高

黄瓜生产，尤其是保护地生产过程中连作障碍多发，生产者过量使用农药、化肥导致环境和产品的药肥残留严重，对生产环境健康和菜品安全造成不良影响，不利于黄瓜出口。虽然杀菌剂不像杀虫剂那样能够迅速对人造成严重伤害，但是积累过量也会影响人们的身体健康。

6. 黄瓜种植品种相对单一

目前我国黄瓜生产品种类型较为单一，基本上是华北型黄瓜，对华南型黄瓜投入的研究力量明显不足，在各种华北型保护地黄瓜新品种不断涌现的同时，华南型保护地栽培品种十分缺少。同时，由于国外的荷兰类型黄瓜和日本类型黄瓜不适合我国人民的消费习惯，种植面积较少。生产品种单一化易造成品种生态适应脆弱性，造成生产损失。

7. 黄瓜出口量少

目前，我国生产的黄瓜主要是国内消费，出口量不大，且有降低的趋势。而国内黄瓜产量较高、人均占有量较大，再发展的余地较小，如果不加大出口量，黄瓜生产的效益将进一步下降。

二 我国黄瓜生产的发展趋势

1. 黄瓜栽培总面积增长渐缓，但保护地栽培规模增加

由于黄瓜的需求量较大，价格相对稳定，种植的利润较高，农民的生产积极性也较高。因此，黄瓜的栽培面积，尤其是保护地黄瓜的栽培面积会进一步增加。

2. 黄瓜抗病新品种将满足各个茬口生产的需要

目前，我国保护地栽培黄瓜土传病害多发，生产对抗病品种提出了更高要求。我国露地黄瓜发病相对较少，农药使用量较少，但保护地黄瓜抗病能力不能满足生产需求，因此保护地黄瓜病害（尤其是叶部病害）发生严重，用药量较大。国外育种家高度重视黄瓜的抗病育种，国内相关研究人员也正在加强该方向的研究和应用，在未来几年内，保护地黄瓜的抗病能力会有明显提高。同时，适合各个栽培茬口的不同类型黄瓜新品种也会不断涌现。

3. 黄瓜品种的商品性和栽培技术的要求将越来越高

随着我国黄瓜生产的产业化，品种的要求也越来越严格，不仅要求高产、抗病、优质，而且黄瓜的果实形状及口感等也成为重要的选择指标。

4. 生物技术应用于黄瓜育种，新品种选育和投放市场速度加快

传统育种方法选育一个优良品种至少需要 5 ~ 8 年的时间，这在很大程度上制约着新品种的更新换代。单倍体育种技术、分子标记辅助育种技术等生物育种技术的开发和应用为黄瓜育种提供了新的有力手段，可以尽快实现黄瓜品系纯化，提高选择的准确性，为杂种优势的利用提供优良的条件。

第二章
黄瓜高效栽培优良品种介绍

第一节　黄瓜品种的类型

1. 按地域划分

黄瓜在我国的栽培历史悠久，品种资源十分丰富。截至6世纪初，黄瓜已在我国各地普遍栽种，形成了品种诸多的华北型、华南型和欧洲少刺光滑型三个类型。

(1) 华北型黄瓜　分布于中国黄河流域以北及朝鲜、日本等地。华北型黄瓜植株生长势均中等，喜土壤湿润、天气晴朗的自然条件，对日照长短的反应不敏感；根系再生能力弱，节间和叶柄较长，果实细长，果皮薄，刺瘤多，比较早熟。其代表品种有山东新泰密刺、山农5号（彩图1）、北京大刺瓜、农大12号、农大14号等。

(2) 华南型黄瓜　分布在中国长江以南及日本各地。华南型黄瓜茎叶较繁茂，耐湿、热，为短日性植物；叶片较厚，根系发达，果实短粗，果皮坚硬少刺或无刺，晚熟。其代表品种有申青1号（彩图2）、昆明早黄瓜、广州二青、重庆大白及日本的青长等。

(3) 欧洲少刺光滑型黄瓜　是介于华北型和华南型中间的一种类型。欧洲少刺光滑型黄瓜以雌性系品种居多，不少品种每节位都有多个雌花发生；生长速度较快，不易徒长，但易早衰。其代表品种有冬秀（彩图3）、MK160（彩图4）、201、迪多、斯托克等。

2. 按品种熟性划分

(1) 早熟品种　第一雌花出现在主蔓的第3或第4节处，而且雌花密度比较大，几乎每节都有雌花，一般播种以后 55 ~ 60 天开始收获。

（2）中熟品种　第一雌花一般出现在主蔓的第 5 或第 6 节处，密度比早熟品种低一些，播种后 60 天开始收获。

（3）晚熟品种　第一雌花一般出现在主蔓的第 7 或第 8 节处，密度小，空节多，每 3 或 4 节出现一雌花，播种后 65 天开始收获。该类品种生长势强，耐高温，瓜大，产量高。

3. 按瓜条形状划分

按瓜型可分为刺黄瓜、鞭黄瓜、短黄瓜和小黄瓜四种。

（1）刺黄瓜　瓜型大，比较晚熟，在温室栽培时抗病性强，能稳产高产。我国华北型黄瓜品种大多数属于这一类型。

（2）鞭黄瓜　瓜条比刺黄瓜的还要大，果面表皮比较光滑，没有或仅有稀疏的瘤或刺，晚熟。在我国北方栽培较多。

（3）短黄瓜　瓜型较小，早熟，果面没有果瘤或很少，节间较短，抗寒性或耐热性比较强。我国南方早春栽培多用这一类型。

（4）小黄瓜　瓜条小，极早熟，果肉薄，属于欧美黄瓜类型，我国也有栽培。

第二节　高效栽培主要优良品种介绍

1. 津春 4 号（图 2-1）

【品种来源】　由天津市农业科学院黄瓜研究所育成的杂交种。

【特征特性】　植株长势强，叶片较大而厚，以主蔓结瓜为主，主侧蔓均有结瓜能力，且有回头瓜。瓜色深绿，有光泽，白刺，略有棱，瘤明显，瓜条棍棒形，长 30 ~ 35cm。抗霜霉病、白粉病、枯萎病；较早熟。

图 2-1　津春 4 号

【栽培要点】　适期播种。华北

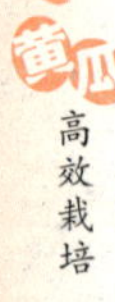

地区一般可在4月中、下旬播种，最好采用地膜覆盖，以提高地温，直播每亩（1亩=667m^2）用种量为250g，育苗用种量为150g，夏、秋黄瓜一般采用直播，苗期应加强水分管理。每亩留苗3500~4000株，不可过多。开始结瓜时，10节以下的侧枝全部打掉，中上部的侧枝见瓜后留1~2片叶打顶，防止瓜秧疯长。结瓜盛期应2天一浇水，6~7天一施肥，以确保水分和营养。

【适作茬口】 适宜小棚，地膜覆盖，春、秋露地及秋延后栽培。

2. 津绿4号（图2-2）

【品种来源】 由天津市农业科学院黄瓜研究所育成。

【特征特性】 植株生长势强，叶深绿色，以主蔓结瓜为主，第一雌花着生在主蔓的第4节左右，雌花节率为35%左右。瓜条长棒形，长35cm左右，单瓜重约200g。瓜把短，瓜皮为深绿色，瘤显著，密生白刺，果肉绿白色、质脆、品质优，商品性好。早熟，从播种到采收约60天，采收期60~70天；亩产量为5500kg左右。耐热性强，在34~36℃高温下生长正常；对枯萎病、霜霉病、白粉病的抗性强。

图2-2 津绿4号

【栽培要点】 保护地育苗一般在3月中下旬~4月上旬播种，苗龄30~35天。露地直播覆土厚度为1.5~2.0cm；定植后每亩以保苗3200株左右为宜。当瓜秧开始结瓜时，下部容易分枝，10节以下的分枝要及时去掉。中上部出现的分枝，每一分枝留1条瓜，瓜上留 1 ~ 2 片叶去尖，以免瓜秧疯长。

【适作茬口】 适合春秋露地栽培。

3. 津优 4 号（图 2-3）

【品种来源】 由天津市农业科学院黄瓜研究所于 1994 年用自交系 P17 × T55 组配成的黄瓜杂交种。

【特征特性】 中早熟，春茬从播种至采收需 65 天左右，采收期 60 ~ 70 天。植株生长势强，叶色深绿，主蔓、侧蔓均可结瓜。春茬第一雌花着生在主蔓的第 6 节左右，雌花节率 25% 左右。瓜条顺直，长棒形，长为 28cm 左右，单瓜重为 150g 左右，瓜把短，瓜皮为深绿色，瘤显著，密生白刺，果肉绿白色、质脆，畸形瓜率小于 15%，商品性优。经品质分析，瓜腔与瓜粗比 1∶2.2，瓜把与瓜长比 1∶8，可溶性固形物 3.8%。经人工接种鉴定，抗霜霉病、白粉病和枯萎病。田间调查结果显示，该品种耐热性强，可在夏季 34 ~ 36℃ 高温条件下正常发育。

图 2-3 津优 4 号

【栽培要点】

1）播种。春露地育苗栽培 3 月中下旬 ~4 月上旬播种，苗龄 30 ~ 35 天；春露地直播覆土厚度 1.5 ~ 2.0cm；秋露地栽培 7 月中下旬播种。

2）每亩保苗以 3200 株左右为宜。

3）前期管理。当瓜秧开始结瓜时，下部容易分枝，春茬 10 节以下的分枝要及时去掉；夏茬由于主蔓坐瓜较晚，应充分利用侧蔓结瓜。

4）中后期管理。中上部出现的分枝，每一分枝留一条瓜，瓜上留 1 ~ 2 片叶然后去顶，以免瓜秧疯长。

5）加强肥水管理，及时防治蚜虫等害虫为害。

【适作茬口】 适宜春、夏、秋露地栽培。

4. 津绿 5 号（图 2-4）

【品种来源】 由天津市绿丰园艺新技术开发有限公司育成的一代杂种。

【特征特性】 该品种为春露地专用黄瓜品种，具有抗病、丰产、品质优良等特点。抗病性强，高抗霜霉病、白粉病、枯萎病。商品性好，瓜条顺直，长 35 ~ 40cm，瓜为深绿色，有光泽，刺瘤明显，单瓜重 200g 左右，瓜把短，种腔小，果肉浅绿色，质脆，味甜，品质优。丰产性好，以主蔓结瓜为主，侧蔓也有结瓜能力，丰产潜力大，春播亩产量可达到 5500kg 左右。

图 2-4 津绿 5 号

【栽培要点】 适期播种，播种可采用阳畦育苗或扣地膜直播两种方式。华北地区采用阳畦育苗在 3 月中下旬播种，苗龄 30 天左右。采用扣地膜直播则在 4 月中下旬播种。其他地区可根据当地气候决定播期。每亩保苗 3500 ~ 4000 株。采取“促控”结合培育壮苗，出苗前温度控制在 30℃左右，出苗后降至 26 ~ 28℃，夜温以 12 ~ 15℃为宜。定植前 1 周揭开膜炼苗。一般阳畦育苗苗龄为 30 天左右，3 叶 1 心时定植。每亩保苗 3500 株左右。前期根瓜坐住后及时浇水追肥，但不宜浇大水，应浇小水以免降低地温。后期加大肥水量，腰瓜采收后侧枝适当留用，每侧枝留一条瓜，上部留一叶摘心，达到主侧枝同时结瓜的效果。另外要加强病虫防治，主要是霜霉病、白粉病及蚜虫、螨类、斑潜蝇等害虫。

【适作茬口】 适应性强，适宜全国各地春秋露地栽培。

5. 长城棒瓜（图 2-5）

【品种来源】 由中种集团承德长城种子有限公司培育。

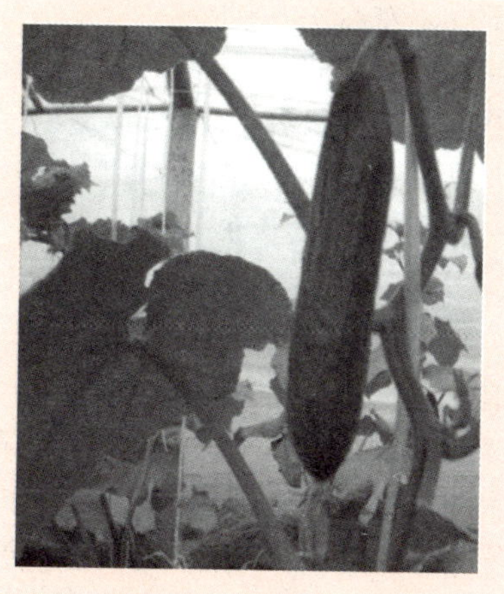
图 2-5 长城棒瓜

【特征特性】 植株生长势较强，以主蔓结瓜为主。瓜短棒状、绿白色、有光泽（小嫩瓜为浅绿色），刺瘤中等、刺白色。瓜长 20～25cm，直径 4～6cm。单瓜重 300～400g。瓜肉厚、脆甜爽口、商品性好。亩产量可达 5000kg 以上。

【栽培要点】 春季露地栽培一般在 3 月中旬～4 月上旬阳畦播种育苗，株行距 32cm×60cm，每亩种 3500 株左右。夏秋季6 月下旬～7 月中旬露地直播，株行距 35cm×60cm，每亩种 3200 株左右。

【适作茬口】 春秋两季栽培。

6. 唐山秋瓜（图 2-6）

【品种来源】 为河北省唐山市郊区农家品种。

【特征特性】 植株生长势中等，株高 2.4m 左右，分枝性强，叶深绿，叶大，第一雌花着生在主蔓的第 4～6 节处。瓜长棒形，长 24～30cm，横径 3～5cm，单瓜重约 250g。瓜色绿，刺瘤密，

图 2-6 唐山秋瓜

有光泽，棱不明显，肉质脆嫩，味浓，品质上等。中晚熟，秋季生长期 90 ~ 95 天。耐热性强。抗霜霉病和枯萎病。亩产量为 4500kg 左右。

【栽培要点】 在唐山 6 ~ 7 月播种，8 月下旬始收，每亩栽 3000 ~ 3500 株。

【适作茬口】 适宜夏、秋季栽培。

7. 平丰 5 号

【品种来源】 由河南省平顶山市农科所育成。

【特征特性】 早熟。植株生长势强，第一雌花着生在主蔓的第 4 ~ 5 节上，以主蔓结瓜为主，雌花节率高，每隔 1 ~ 2 节便连续出现雌花 1 ~ 2 朵。果肉为浅绿色，肉厚 1.5cm，肉质细嫩，味甜，口感极佳。瓜棒形，瓜长 29cm，瓜把短，单瓜重 260g，果色亮绿，刺密、刺瘤小，无花纹、无棱沟。单株采瓜 9 条以上，亩产量达 7000kg 以上。节成性强，回头瓜多，播种后 60 天结瓜。

【栽培要点】 长江中下游地区一年四季均可育苗，进行早春保护地、露地栽培。以行株距 60cm × 30cm 定植。

【适作茬口】 早春保护地、露地栽培。

8. 碧春

【品种来源】 由北京市农林科学院蔬菜研究中心育成。

【特征特性】 早熟性好，生长势强，主侧蔓结瓜，腰瓜后期主蔓适时早摘心，在保证肥水足的情况下，侧蔓所结瓜条的外形、颜色、长短等均具有与主蔓瓜相同的优良品质。雌花节率高，第一雌花位于主蔓的第 2 ~ 3 节，雌花间隔 1 ~ 2 节，瓜色绿，刺瘤小，棱刺适中。瓜长 30 ~ 35cm，瓜把短，为 2.5 ~ 3cm，肉厚、心室小、质地脆、味甜，瓜条顺直。丰产性好，增产潜力大，一般亩产量可达 5000 ~ 6000kg。抗霜霉病、白粉病、枯萎病及病毒病的能力强，对角斑病、炭疽病也有较强的抗性。具有很高的生产利用价值。

【栽培要点】 该品种喜肥水，需要施足底肥。此品种苗龄不宜长，以 35 ~ 40 天、小苗达到 4 叶 1 心、幼苗高 20cm 时为宜。蹲苗也不易过长，若过长会引起早期化瓜。适时主蔓摘心，加强肥水供应，以促侧枝瓜产生，可增加后期产量，总产可提高 30% 左右。

【适作茬口】 碧春适于春大棚、春改良阳畦、春早熟露地、温室二茬栽培，也可在日光温室栽培（定植前后需加温 13～14 天）。

9. 夏丰 1 号

【品种来源】 由辽宁省大连市农科所育成。

【特征特性】 植株生长势强，一般不分枝，叶深绿色，第一雌花着生在主蔓的第 4～5 节，雌花节率 31.3%～44.1%，早春播种有时出现两性花。瓜条长棒形，长 30～35cm，横径 3.3cm，单瓜重 180～270g。瓜皮深绿色、无棱、无瘤，白色刺密集，无杂色花斑及黄条，果肉黄绿色、脆甜，品质佳。种子千粒重 27～32g。早熟，辽宁省夏秋播种 38 天开始收获，播种至完成收获需 120～150 天。亩产量为 3800～4500kg，最高产量可达 9000kg。不耐寒，较耐热，耐涝，抗霜霉病、白粉病，较抗枯萎病。

【栽培要点】 辽宁省春季防寒育苗，苗龄 25～30 天；夏秋季育苗防高温，苗龄 10～15 天，适于直播，3 叶 1 心时定苗。喜肥水，每亩施农家肥约 5000kg，行距 48cm，株距 24cm，苗期不宜控水蹲苗，及时追肥灌水，注意排涝。在河南省适宜早春保护地及露地栽培，早春栽培于 2 月下旬育苗，苗龄 30～40 天，3 月下旬～4 月初定植于小拱棚内，4 月下旬～5 月初收瓜。也可垄栽，1 垄双行，覆盖地膜，垄高约 10cm，垄面呈弧形，行距 60cm，株距 23cm，每亩栽苗约 4700 株。

【适作茬口】 适于辽宁、河南、天津等地晚春及夏秋季栽培。

10. 津研 7 号（图 2-7）

【品种来源】 由天津市农业科学院黄瓜研究所育成。

图 2-7 津研 7 号

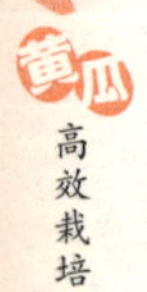

【特征特性】 早中熟、抗寒、耐湿热，抗病，长势中等，主蔓结瓜，瓜条长棒形，瓜长35~40cm，瓜条有刺瘤，瓜把短条直，肉厚而紧实，浅绿色，品质好。

【栽培要点】 该品种属于深根植物，对土壤要求不严格，适于早春保护地栽培和春秋露地栽培，每亩保苗4500~5000株，适当密植增产潜力大，苗龄30天，盛瓜期每天浇水1次，不必整枝，但后期要加强管理，减少畸形瓜，整个生育期注意防治病虫害，夏秋栽培遇高湿季节产量有所降低。

【适作茬口】 早春保护地栽培和春秋露地栽培。

11. 中农8号

【品种来源】 由中国农业科学院蔬菜花卉研究所育成的一代杂种。

【特征特性】 植株生长势强，株高2.2m以上，主侧蔓结瓜，第一雌花着生在主蔓的第4~7节，每隔3~5节出现1个雌花。瓜长棒形，顺直，瓜深绿色，有光泽，无花纹，瘤小刺密，无棱，瓜把短，瓜长35~40cm，横径3cm，单瓜重150~200g，质脆，味甜，品质佳，商品性好。抗霜霉病、白粉病、枯萎病、黄瓜花叶病毒病。亩产量达5000kg以上。除鲜食以外，也是加工腌渍的优良品种。

【栽培要点】

1）适时播种：北京地区春露地3月上旬播种育苗，4月中下旬定植，5月下旬~6月初开始收获；秋季7月下旬~8月上旬直播，9月上中旬开始收获。

2）合理密植：中农8号分枝较多，不宜密植，每亩宜栽3500株左右，宽窄行栽培。

3）重施底肥：施充足的优质农家肥作底肥，一般每亩施有机农家肥5000~10000kg，复合肥50kg左右。

4）及时追肥：中农8号瓜条生长发育速度快，采收期要及时追肥，一般隔3天左右追肥1次，每亩施尿素15~20kg，注意粪稀水与化肥配合施用。

5）适时采收：进入采收期后一般隔1天采收1次，盛收期可每天采收1次。不及时采收，瓜条大，易影响商品性。

6）植株调整：植株长满架后应及时打顶，促使早发侧枝，侧枝留两叶一瓜摘心，以集中养分，促进瓜条发育。

7）促生雌花：夏秋栽培时苗期需施用100~150mg/kg乙烯利1~2次，可促进雌花发育提高产量，特别是前期产量。

8）防治虫害：春季遇干旱气候或秋季栽培时要及时打氧化乐果，防治蚜虫、螨类为害。

【适作茬口】 在我国南北方，春秋两季均可种植，特别适宜南方春秋露地栽培，北方春露地及秋棚延后栽培。

12. 园丰6号

【品种来源】 由山西省夏县蔬菜科研所育成的一代杂种。

【特征特性】 植株长势强，第一雌花着生在主蔓的第3节左右，以主蔓结瓜为主，侧枝生长较强，雌花节率高。瓜条生长速度快，瓜长棒状，顺直，瓜色深绿，有光泽，刺密白色，瓜长32cm左右，瓜把短，口感好。耐高温，喜肥水，抗病性好，特别抗霜霉病。每亩产量在6500kg以上。

【栽培要点】

1）施足底肥：春季大棚栽培于2月上旬播种育苗，苗龄为45天左右。露地小拱棚栽培于3月中下旬育苗。

2）种植密度：春季大棚栽培每亩为2500~2800株，行距100cm，株距25cm；露地栽培每亩为3000~3500株，行距50cm，株距35cm。

3）定植时间：春季大棚于3月中下旬定植，定植后大棚内扣小拱棚防寒保温，露地小拱棚栽培于4月中下旬定植。

4）田间管理：春季大棚栽培要及时引蔓，摘除40cm以下侧枝，以上侧枝见瓜留一叶打顶，到顶棚时要及时打尖。结瓜期要勤施肥灌大水，每次灌水随水施肥。

【适作茬口】 适合露地春茬和夏茬栽培。

13. 绿园30

【品种来源】 由辽宁省农科院园艺研究所育成的一代杂种。

【特征特性】 植株长势强，叶片较平展，第一雌花着生在主蔓的第3～5节，以主蔓结瓜为主。瓜棒状，瓜长22～25cm，横径4～6cm，瓜皮白绿色，刺色浅，刺瘤稀小，肉质脆嫩，品质佳。适应性强，对霜霉病、白粉病等病害均有一定抗性。亩产量为6500kg左右。

【栽培要点】

1）施足底肥：春季大棚栽培于2月上旬播种育苗，苗龄45天左右。露地小拱棚栽培于3月中下旬育苗。

2）种植密度：春季大棚栽培每亩2000～2500株，行距100cm，株距28cm；露地栽培每亩3000～3500株，行距50cm，株距35cm。

3）定植时间：春季大棚于3月中下旬定植，定植后大棚内扣小拱棚防寒保温，露地小拱棚栽培于4月中下旬定植。

4）田间管理：春季大棚栽培要及时引蔓，摘除40cm以下侧枝，以上侧枝见瓜留一叶打顶，到顶棚时要及时打尖。结瓜期要勤施肥灌大水，每次灌水随水施肥。

【适作茬口】 适宜春大棚、春秋露地栽培。

14. 新泰密刺

【品种来源】 山东省新泰市高孟村将黄瓜地方品种一串铃与大青把天然杂交，经多次混合选择而成。

【特征特性】 植株生长势强。在主蔓的第4～5节着生根瓜。瓜形棒状，匀称，青绿色，刺瘤密，有纵棱，但不明显。瓜条长20～25cm，横径约3cm。单瓜重200～250g。耐寒性较强，耐弱光，耐肥水，较抗枯萎病、霜霉病。一般亩产量为10000kg左右。

【栽培要点】 苗龄45～50天，3月底定植，每亩保苗4000株。

【适作茬口】 适于早春大棚栽培。

15. 津优5号

【品种来源】 由天津市农业科学院黄瓜研究所选育的黄瓜一代杂交种。

【特征特性】 早熟，从播种至采收65～70天。植株生长势强，茎粗壮，叶片中等大小，叶色深绿，分枝性中等，以主蔓结瓜为主，雌花节率高，回头瓜多，单性结实能力强，瓜条生长速度快。瓜条棒状、深绿色，有光泽，刺瘤明显，白刺，瓜把短，无花脑门，商品性优。瓜长32~35cm，单瓜重200g左右。抗霜霉病、白粉病和枯萎病，高抗根腐病；耐低温、弱光能力强，夜温11~13℃及10000lx弱光条件下可正常生长。

【栽培要点】 适期播种，培育壮苗。早春茬栽培12月初播种，苗龄35~40天；秋冬茬栽培播种期为8月下旬~9月中上旬。定植后切忌蹲苗，肥水供应要及时，每亩保苗3500株。根瓜要及时采收，以免坠秧。早春栽培可采用嫁接技术，以利于根系发育。

【适作茬口】 适宜早春茬和秋冬茬大棚栽培。

16. 津优30号（图2-8）

【品种来源】 由天津科润农业科技股份有限公司黄瓜研究所选育。

【特征特性】 该品种耐低温弱光能力极强，在气温6℃下能正常生长发育。早期产量较高，尤其是越冬日光温室栽培时，在春节前后的严冬季节能够获得较高的产量和效益。该品种雌花节率高，雌花节率40%以上，化瓜率低。连续结瓜能力强，有的节位可以同时或顺序结2~3条瓜。因此品种比津春3号、津优3号等品种总产量高30%以上。瓜条性状优良、商品性好。该品种瓜条长35cm左右，瓜把较短，在5cm以内。即使在严寒的冬季，瓜条长度也可达25cm左右。瓜条刺密、瘤明显，便于长途运输。

图2-8 津优30号

【栽培要点】 华北地区一般在9月下旬播种育苗；冬春茬温室栽培，一般在12月下旬~1月上旬播种育苗。定植前，一定要在温室里多施腐熟的有机肥作基肥。嫁接育苗，可进一步提高耐

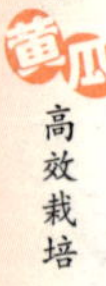

逆性和产量。

【适作茬口】 适于冬春、早春和秋冬茬栽培。

17. 津杂2号

【品种来源】 由天津市农业科学院黄瓜研究所育成的杂交种。

【特征特性】 该黄瓜植株生长势强，第一雌花着生在主蔓的第3~4节。瓜条长棒形，长35~40cm。瓜条深绿色，刺白色，棱瘤明显，单瓜重300g，品质良好。早熟，从播种到始收嫩瓜约70天。该黄瓜抗霜霉病、白粉病、枯萎病，丰产性好。

【栽培要点】 苗龄35~45天，不宜太长。每亩栽苗3000~3500株，植株10节以下的侧枝全部打掉，中后期在10节以上的侧枝见瓜后留1~2片叶打顶，以利于坐瓜。

【适作茬口】 适合秋延迟、越冬及早春栽培。

18. 津优48号

【品种来源】 由天津科润农业科技股份有限公司黄瓜研究所培育的杂交种。

【特征特性】 植株长势旺盛，叶片中等大小，叶色深绿色，以主蔓结瓜为主。瓜条棒状，顺直，瓜色深绿，有光泽，瓜长35cm左右，单瓜重约200g。春露地栽培第一雌花着生在主蔓的第4~5节。高抗黄瓜枯萎病，抗黄瓜霜霉病、白粉病、炭疽病、褐斑病和黄瓜花叶病毒病等病害。

【栽培要点】 适期播种，春露地一般在4月上中旬播种，地膜覆盖或阳畦育苗；夏露地播种一般在6月上旬直播，每亩保苗4000株左右。结瓜期加强水肥管理，整枝绑蔓，及时采收。

【适作茬口】 适合秋延迟、露地及早春栽培。

19. 山农5号

【品种来源】 由山东农业大学园艺系育成。

【特征特性】 幼苗生长健壮，节间短粗，叶片肥厚，伸蔓期植株生长迅速。以主蔓结瓜为主，回头瓜多，主蔓一般在第4~5节着生第一雌花，雌花节率68%。瓜长棒状，腰瓜长35cm左右，单瓜质量150g左右，绿色，有光泽，刺瘤密。果肉浅绿色、质脆、味清香，品质优。山农 5 号耐低温弱光能力强，在 10 ~ 11℃低夜温、8000lx 弱光条件下可正常生长，越冬栽培早春恢复生长能力强。高抗枯萎病，对霜霉病、白粉病、黑星病具较强抗性。

【栽培要点】 华北地区于 9 月 10 日左右播种，以黑籽南瓜嫁接。苗期 25 ~35 天。密度以 3000 ~3300 株/亩为宜。伸蔓期严格控制温度，掌握早晨最低温 10 ~ 12℃，白天最高温不超过 30℃，以控制叶片大小。瓜坐稳前一般不追肥浇水。春节后及时疏花，以两叶留一瓜为宜，保证肥水充足，以发挥其丰产优势。

【适作茬口】 日光温室越冬栽培。

20. 鲁蔬 21 号

【品种来源】 由山东省农业科学院蔬菜研究所培育的高产抗病黄瓜品种。

【特征特性】 前期耐低温，耐弱光，在连续阴雨 10 天，平均光照强度不足 6000lx 时仍能收获果实，后期抗高温。产量高，抗早衰，第 2 ~3 叶开始结瓜，连续结瓜能力强，节节有瓜，一般 1 ~2 条，不化瓜，膨瓜特别快，收获时几乎都带花。长势强，没有封头的现象。瓜条直，瓜把短。瓜条刺密，棱瘤明显，不显老气，商品性好。

【栽培要点】 因本品种产量高，定植前应施足底肥，每亩定植 3000 株左右。该品种高抗枯萎病、霜霉病、白粉病和角斑病。

【适作茬口】 冬春茬及早春茬栽培。

21. 园春 3 号

【品种来源】 由寿光市科园春种业有限公司推出的一个优良黄瓜杂交种。

【特征特性】 该品种最突出的特点就是叶片小，透光透气，棚内生长小环境好，植株综合抗性好，所以黄瓜不易感染病害，尤其抗霜霉病，其亩产量可高达 20000kg 以上。

【栽培要点】 适期播种，基肥多施有机肥。越冬日光温室栽培，华北地区一般在 9 月下旬播种育苗。冬春茬温室栽培，一般在 12 月下旬 ~ 第二年 1 月上旬播种育苗。定植前，一定在温室里多施腐熟的有机肥作基肥。

【适作茬口】 越冬温室及早春日光温室栽培。

22. 冬棚巨丰308

【品种来源】 由寿光市园丰种业有限公司培育。

【特征特性】 植株长势强，叶片中等，株型好，以主蔓结瓜为主，耐低温，耐弱光能力突出。不易化瓜，成瓜速度快，瓜条顺直，商品性好，瓜条长度35cm左右，刺密适中。早熟性、抗病性好。高抗霜霉病。

【栽培要点】 华北地区一般在9月上中旬播种，日光温室早春茬黄瓜一般在12月下旬~第二年1月上旬播种。定植前，一定在温室里多施腐熟的有机肥作基肥。每亩定植3600株，大行距90cm，小行距50cm，株距35cm。

【适作茬口】 越冬温室及早春日光温室栽培。

23. 盛美

【品种来源】 由寿光市科普园种苗有限公司育成。

【特征特性】 植株紧凑，叶色深绿，黄瓜瓜把短，瓜条顺直，瓜长35cm左右；瓜瘤显著，密刺，商品性极佳。该品种抗霜霉病、白粉病和病毒病能力强，极耐低温，亩产量可达20000kg以上。

【栽培要点】 行株距60cm×35cm栽培，适宜密度为每亩种植2600~3300株，以利通风透光。丰产潜力大，需肥水较多，不易蹲苗，应以促为主。7~8节下不留瓜，促使植株生长健壮。

【适作茬口】 适宜于越冬嫁接栽培。

图2-9 富华2号

24. 富华2号（图2-9）

【品种来源】 引自日

本的一个少刺型黄瓜杂交一代新品种。

【特征特性】 主侧枝均可结瓜，以主蔓结瓜为主，第一雌花着生在主蔓的第3~4节，持续结瓜能力强。前期产量高，每节均可结瓜。瓜呈圆筒形，无瓜把，无花头，瓜条顺直，瓜色油亮，无蜡粉，刺少且小。瓜长20~25cm，粗3cm，粗细均匀，口感鲜嫩。对霜霉病基本免疫，高抗枯萎病、白粉病等其他病害，在恶劣环境条件下生长良好，肥水需求量大，产量高且稳定。

【栽培要点】 每亩施有机肥5000~8000kg，磷酸二铵30~40kg，其他肥料根据土壤状况酌情施入。高畦双行定植，畦高15cm左右，畦宽70~80cm，株距35~40cm，畦间宽50cm。每亩保苗2500~2800株。秋冬茬黄瓜利用采收嫩瓜进行植株调整，长势弱时，应早收，长势强时，可适当晚收。

【适作茬口】 适宜温室、大棚早春和秋延迟保护地栽培。

25. 中农9号

【品种来源】 由中国农业科学院蔬菜花卉研究所育成的早中熟少刺型杂种一代。

【特征特性】 第一雌花始于主蔓的第3~5节，雌花节多为双瓜。瓜短筒形，瓜色深绿，有光泽，无花纹。瓜把短，刺瘤稀，白刺，无棱，瓜长15~20cm。丰产，亩产量为7000~15000kg。抗枯萎病、黑星病、角斑病，耐霜霉病等。

【栽培要点】 华北地区越冬茬日光温室9月中下旬~10月上中旬播种育苗，苗龄25~30天。早春日光温室1月中旬育苗，2月中旬定植，3月中旬始收。春棚2月中下旬育苗，3月中下旬定植，4月中下旬始收。秋棚7月下旬~8月上旬直播，9月中下旬始收。每亩保苗3000株左右。日光温室越冬茬最好采用南瓜嫁接。

【适作茬口】 适宜早春及越冬日光温室栽培。

26. MK160

【品种来源】 MK160黄瓜是由荷兰德奥特种业集团公司推出的无刺迷你黄瓜新品种。

【特征特性】 植株长势中等，膨瓜速度快，产量高。果实长度15~17cm，表面光滑无刺，瓜条颜色好。抗花叶病毒病、霜霉病、黑星病和白粉病等多种病害。

【栽培要点】 该品种耐低温弱光能力稍差，不宜在冬季种植，宜安排在秋延后，春提前种植。采取嫁接育苗，每亩保苗2000~2300株。及时追肥灌水。及时防治灰霉病。提早采收，保证商品性状。

【适作茬口】 适宜拱棚、日光温室早春、越夏、秋延后栽培。

27. 冬秀

【品种来源】 从法国威迈种苗有限公司引进。

【特征特性】 纯雌性无刺短黄瓜，单性花，每节均可坐瓜。生长旺盛，节间短，瓜条深绿色，有光泽，口味佳。瓜长15cm左右，抗白粉病和霜霉病，耐低温和弱光条件，产量高。

【栽培要点】 春茬和秋冬茬的栽培，最好选用嫁接育苗。越冬茬栽培一般在9月下旬育苗，采用高畦栽培方式，畦宽70~80cm，穴距30cm，每亩定植3000株。

【适作茬口】 适合秋延迟、越冬及早春栽培。

【知识窗】 适宜作为家庭种植的盆栽品种

1. 碧玉黄瓜

碧玉黄瓜是欧洲光皮水果型黄瓜一代杂种，强雌性，耐热性极强。植株长势强，有侧蔓，以主蔓结瓜为主。瓜长18~20cm，单瓜重150~200g。瓜条直，果肉厚，种子腔小，无刺，瓜色碧绿，口味清香脆嫩。对白粉病有较强的抗耐性。适宜春夏秋季大棚栽培及温室吊绳无限生长栽培。大棚支架栽培亩产量为4000~4500kg，温室吊绳栽培亩产5000~8000kg。特别适宜夏季高温时节栽培。

2. 荷兰小黄瓜

植株蔓生，瓜长约10cm，瓜皮无刺，肉质香甜。从种植到收获约60天，结瓜多。家庭室内四季可播，各地可种植。

3. F1 水果黄瓜

植株蔓生，瓜长约 10cm，瓜皮无刺，肉质香甜。从种植到收获约 50 天，结瓜多。家庭室内四季可播，各地可种植，抗病、抗热性好，产量高。

4. 日本小黄瓜

植株蔓生，以主蔓结瓜为主，生长势强，抗病、耐热，瓜短棒形，瓜长 20cm，粗 5cm 左右，瓜皮浅绿色，商品性好，肉质脆嫩，清香。

5. 翠玉黄瓜

植株蔓生，瓜长约 10cm，瓜皮无刺，肉质香甜。种子用温水浸种，催芽，冒嘴即种，摘掉侧蔓，早结瓜，从种植到收获约 50 天，结瓜多。家庭室内四季可播，各地可种植。

6. 小可爱多黄瓜

植株蔓生，瓜长约 8cm，瓜有毛刺但不刺人，肉质香甜，从种植到收获约 60 天，结瓜多。喜凉爽通风良好的环境，家庭室内四季可播，各地可种植。

第三章
黄瓜育苗管理技术

蔬菜的育苗技术主要包括传统育苗技术、穴盘基质育苗技术和嫁接育苗技术。近年来随着设施蔬菜栽培技术的发展进步，穴盘基质育苗结合部分蔬菜嫁接技术已取代传统育苗技术成为主流。该技术有效提升了种苗的生产效率，保障了种苗质量和供苗时间，并可节约种量1/2以上，种苗定植后易成活，缓苗快，从而使种苗标准化、集约化、工厂化生产成为可能。以下介绍黄瓜的常规育苗技术、穴盘基质育苗技术和嫁接育苗技术。

设施蔬菜生产因茬口不同需采用的设施和栽培模式显著不同，常见蔬菜作物保护地栽培茬口安排见表3-1。棚室黄瓜栽培茬口主要为秋延迟茬、冬春茬、秋冬茬和越夏栽培。本章主要介绍管理难度较大的冬春茬和秋延迟茬黄瓜育苗技术。

表3-1　常见蔬菜作物保护地栽培茬口安排

茬　口	温室（大棚）类型	育苗时间	定植时间	适宜蔬菜
秋冬茬	日光温室、单坡面大棚、中拱棚	8月中旬遮阴棚育苗	9月中旬定植，初冬或新年供应市场，2月上中旬拔秧	番茄、黄瓜、西葫芦、花椰菜、韭菜等
越冬茬	日光温室	8月下旬~9月上旬播种育苗	10月中、下旬定植，12月下旬~第二年1月上旬采收，5~6月拔秧	番茄、黄瓜、茄子、甜（辣）椒、丝瓜、苦瓜等

（续）

茬　口	温室（大棚）类型	育苗时间	定植时间	适宜蔬菜
冬春茬	单坡面大棚、拱圆大棚、部分日光温室、中拱棚	12月中下旬播种育苗	2月下旬～3月上旬定植，4月下旬～5月上旬采收，7月上旬拔秧	厚皮甜瓜、西葫芦、番茄、甜（辣）椒、菜豆等
秋茬延后	阳畦、小拱棚、部分中拱棚	7月中下旬播种育苗	8月中下旬定植，12月上旬拔秧	番茄、甜（辣）椒、西葫芦、芹菜、花椰菜
春茬提前	阳畦、小拱棚、部分中拱棚	1月下旬～2月上旬播种育苗	2月下旬～3月上旬定植，6月底拔秧	番茄、黄瓜、茄子、甜（辣）椒、西葫芦、菜豆等

第一节　黄瓜常规育苗管理技术

黄瓜常规育苗技术（苗床和营养钵育苗）主要包括营养土块育苗和营养钵育苗技术。生产上常用的苗床有冷床（阳畦）、酿热温床、电热温床和火炕温床等。棚室黄瓜产区低温季节育苗多在塑料大棚或日光温室中建造酿热温床和电热温床育苗，以电热温床较为常见。

一　冬春茬黄瓜育苗管理技术

1. 苗床建造

（1）酿热温床建造　根据温床在地平面位置不同可将其分为地上温床、地下温床和半地下温床三类，生产中以半地下温床较为常用。先在小拱棚、塑料大棚或日光温室中深挖床坑，床宽1.5～2.0m，床深0.3～0.4m，长度依需要而定。床底部应做成南深北浅，中间凸起，呈弧形，以温床不同部位酿热物厚度不同调节整床土温一致，如图3-1所示。播前10天左右，先在床底均匀垫铺4～5cm厚的碎草或麦秸并踏实，以利隔热和通气，其上每平方米撒生石灰

0.4～0.5kg 进行消毒。

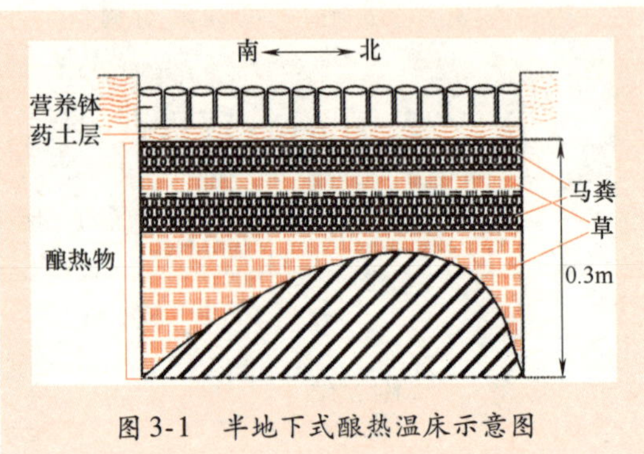

图 3-1 半地下式酿热温床示意图

酿热物一般由新鲜马粪、新鲜厩肥或饼肥（60%～70%）和作物秸秆（30%～40%）组成，以人粪尿湿润并搅拌酿热物，使其保持含水量 70% 左右，碳氮比以（20～30）：1 为宜。常见酿热物的碳氮含量及碳氮比见表 3-2。酿热材料在播前 7～10 天填床，填充厚度 30～35cm。分层填入，每填充 10～15cm 稍踩紧，保持酿热物疏松适度。填料后及时覆盖塑料薄膜，晚上加盖草苫促酿热物尽快发热。3～5 天后，当温度升至 35～40℃时，在酿热物上方铺填 2～3cm 厚的细土，然后将营养钵排放至苗床，并喷透水。如果采用营养土块育苗方法，则覆营养土厚度应为 10cm 左右，浇透水后按照 8cm×8cm 的规格切块，在缝隙中填入草木灰，避免起苗时营养土块散碎，以保护根系完整。据测定，酿热物生热一般可维持 40 多天。

表 3-2 常见酿热物的碳氮含量及碳氮比

种类	碳（%）	氮（%）	碳氮比	种类	碳（%）	氮（%）	碳氮比
稻草	42.0	0.60	70.0	米糠	37.0	1.70	21.8
大麦秆	47.0	0.60	78.3	纺织屑	59.2	2.32	25.5
小麦秆	46.5	0.65	71.5	大豆饼	50.0	9.00	5.6
玉米秆	43.3	1.67	25.9	棉籽饼	16.0	5.00	3.2
新鲜厩肥	75.6	2.80	27.0	牛粪	18.0	0.84	21.4
速成堆肥	56.0	2.60	21.5	马粪	22.3	1.15	19.4
松落叶	42.0	1.42	29.6	猪粪	34.3	2.12	16.2
栎落叶	49.0	2.00	24.5	羊粪	28.9	2.34	12.4

（2）电热温床 电热温床是指在苗床底部铺设电热线或远红外电热膜，利用其产生热能或发出远红外光的热效应来提高床温的一类温床。近年来，远红外电热膜因其热效率高、节能、操作简单易行等优点在生产上有取代电热线的趋势。

1）电热线或电热膜的选择。黄瓜冬春茬电热温床育苗所需电热线功率，北方地区一般为 80～120W/m^2，南方地区一般为 60～80W/m^2，温室中应用功率略低，塑料大棚中功率略高。表 3-3 中列出了电热温床电热线或电热膜功率的选择参考值。

表 3-3 电热温床功率密度选用参考值 （单位：W/m^2）

设定地温/℃	基础地温/℃			
	9～11	**12～14**	**15～16**	**17～18**
18～19	110	95	80	—
20～21	120	105	90	80
22～23	130	115	100	90
24～25	140	125	110	100

根据苗床面积确定电热线功率和电热线长度，按照以下公式计算布线条数和线距。

布线条数 =（电热线长度 − 床宽 ×2）÷ 苗床长度

【注意】 布线的行数应取偶数，以使电热线的两个接头位于苗床的同一端，以便于分别连接温控仪和电源。

线距 = 床宽/（布线条数 +1）

【注意】 布线时，应注意边行线距适当缩小，中间行距适当加宽，全床平均线距不变，以解决苗床边缘温度较低的问题，保障幼苗生长一致。

电热膜可根据所需功率选择相应规格产品，如“广东暖丰科技有限公司”的系列产品。

2）电热温床的建造　首先在棚室中挖1.2～1.5m宽，深30m的床坑，挖出的床土做成四周田埂。坑底铺撒10～12cm厚的麦秸、稻草或麦糠等作为隔热层。摊平踏实后，隔热层上再铺3～4cm厚的细土，并踏实刮平。远红外布线时，取长度10cm左右的小木棍，按照线距固定于苗床两端，每端木棍数与布线条数相等。先将电热线固定于苗床一端最靠边的一根木棍上，手拉电热线到另一端绕住2根木棍，然后返回绕住2根木棍，如此反复，最后将引线留于床外。布线完毕，加装温控仪并接通电源，用电表检查线路是否畅通。之后拔除木棍并在电热线上撒2～3cm厚的细土，整平踏实，以埋住并固定电热线。最后再填实营养土，浇水后切块或覆细土后排放营养钵，如图3-2所示。

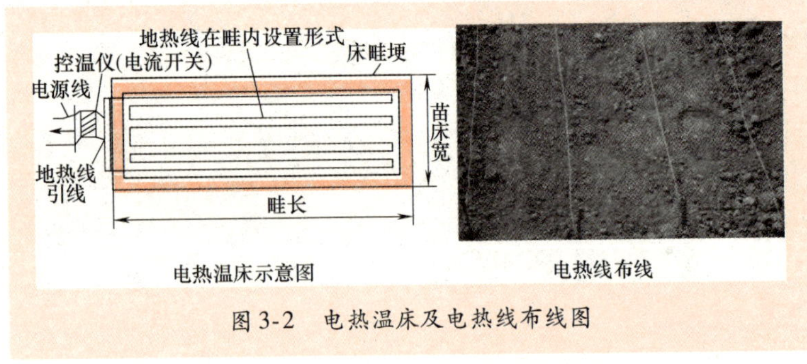

图3-2　电热温床及电热线布线图

【注意】应使电热线贴到踏实刮平的床土上，并拉紧拉直，不得打结、交叉、重叠或靠得过近（线距不少于1.5cm）；电热线不得加长或截短，需要多根电热线时只能并联，不得串联；苗床进行农事操作时，应先切断电源，并防止线路断路；施用完后，电热线应轻拉轻取，安全储存。

采用远红外电热膜则无须布线环节，隔热层覆细土并踏实刮平后直接在苗床铺设既定功率的电热膜，然后填实营养土浇水后切块或覆2～3cm厚的细土后排放营养钵。

不论营养土块育苗还是营养钵育苗均需配制营养土。配制营养土的原料主要为园土（在2～3年未种植过瓜类作物的大田里取0～

23cm 深的表层土）、粪肥、饼肥或草炭、适量化肥等。常见营养土配比有两种：一是园土 2/3，腐熟粪肥（或草炭）1/3，每立方米加入氮磷钾复合肥 1.5kg 或尿素 0.2kg、过磷酸钙 0.25kg、硫酸钾 0.5kg；二是园土 5/10，腐熟粪肥 3/10，草炭 2/10，每立方米加入氮磷钾复合肥 1.5kg 或磷酸二铵 0.5kg、硫酸钾 0.5kg。

【注意】 有机肥和过磷酸钙均需打碎过筛后充分拌匀。

营养土配制过程中需进行消毒。常用的消毒方法为每立方米营养土搅拌时掺入 50% 甲基托布津可湿性粉剂或 50% 多菌灵可湿性粉剂 80 ~ 100g。或每立方米营养土搅拌过程中用 40% 甲醛 200 ~ 300mL 兑水 25 ~ 30L，搅匀后均匀喷入土中。用塑料薄膜覆盖闷 2 ~ 3 天后摊开营养土待药气散尽后使用，如图 3-3 所示。

图 3-3　育苗用营养土

【注意】 营养土堆制应在使用前 1 ~ 2 个月进行，所用有机肥要充分腐熟方可使用。

2. 营养钵或营养土块制作

黄瓜育苗用营养钵多采用软质黑色聚氯乙烯圆台形塑料杯，适宜规格为杯口直径 12cm，杯高 12 ~ 14cm。向钵内装土时不要过满，装至距钵沿 2 ~ 3cm 即可。将营养钵整齐地摆放于苗床内，如图 3-4 所示。

营养土块制作方法：在苗床底部撒一薄层河沙或草木灰，然后回填 10cm 左右的营养土层，踏实，耙平，浇透水。水下渗后用薄铁片或菜刀先横后竖划成 10cm × 10cm 的方土块，土块间撒适量细沙或草木灰，防止土块重新黏结以便后期起苗。

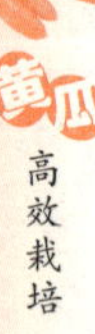

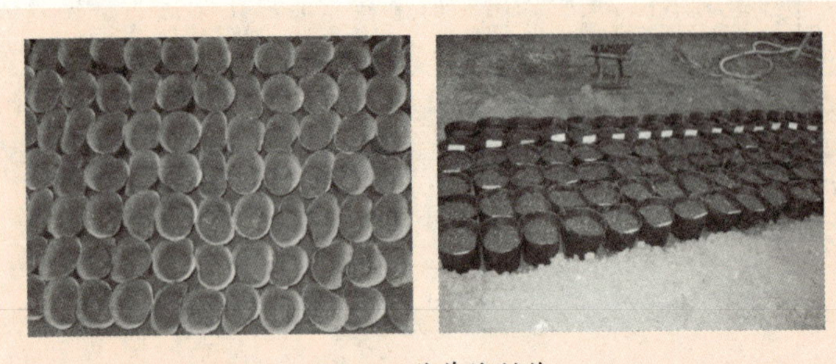

图 3-4　营养钵制作

【注意】　营养土块育苗应精细操作，否则起苗时易散坨伤根，缓苗较慢。

3. 种子处理

黄瓜播前种子处理主要包括晒种、浸种和消毒、催芽等步骤。播种前根据棚室栽培黄瓜定植密度确定苗数，一般棚室单蔓整枝亩苗数为2000～2200株，然后按照90%的发芽率确定播种量。精选种子后按照以下操作进行种子消毒。

（1）晒种　播种前将精选过的种子摊放于木板或纸板上，种子厚度不超过1cm，在阳光下曝晒1～2天，期间每隔2h翻动1次，使晾晒均匀。

【注意】　冰柜或种子库低温保存的种子必须播前晾晒，否则易因种子活力低下导致出苗不齐或不出苗。

（2）温汤浸种　将选好晒过的种子，放入55℃左右的温水中，水量为种子体积的5～6倍。边浸种边搅拌，并维持55℃水温15min左右。水温降至25～30℃时，搓去种子表面胶状物质。冲洗干净后，在室温下浸种3～5h。

（3）热水烫种　对于黄瓜嫁接砧木南瓜等厚种皮种子而言，可将种子放入5倍于种子体积的70℃热水中烫种。放入后迅速搅拌30s，然后倒入冷水使水温降至30℃，之后进入正常温汤浸种程序。

包衣种子不必冲洗。

（4）干热处理 干燥的黄瓜种子（含水量6%左右）放入70℃恒温箱或烘箱72h，可有效杀灭种子内外的病菌和病毒。

（5）药剂消毒 种子常见消毒方法见表3-4。

表3-4 种子常见消毒方法

药剂	时间/min	灭菌名称
50%多菌灵或50%福美双可湿性粉剂500倍液、50%异菌脲可湿性粉剂500倍液等浸种	20	炭疽病、枯萎病、蔓枯病、根腐病
2%~3%漂白粉溶液浸种 0.2%高锰酸钾溶液浸种	30 20	种子表面多种细菌
40%甲醛100倍液浸种	20	炭疽病、枯萎病
97%噁霉灵可湿性粉剂3000倍液、72.2%霜霉威水剂800倍液等浸种	30	猝倒病、疫病
10%磷酸三钠溶液浸种	20	病毒病

【注意】 药剂消毒应严格把握消毒时间，结束后立即用清水冲洗数遍。

（6）催芽

1）催芽前浸种。一般常温下浸种以6~8h为宜；采用温汤浸种后可减至2~4h。

2）催芽温度和时间。黄瓜催芽温度为28~30℃，低于15℃或高于40℃均不利于发芽。所需时间为1~2天，待70%左右的种子露白（胚根长0.3~0.4mm）时即可停止催芽，进行播种（表3-5）。

3）催芽方法。把浸种后稍晾干的种子用湿棉布（纱）或湿毛巾包好，放于隔湿塑料薄膜上，上覆保温材料保温。有条件时，也可将湿布包好的种子放于恒温箱内进行催芽。箱内温度设定为30℃，相对湿度保持在90%以上。每4h翻动1次，直至种子露白。

表 3-5 部分蔬菜催芽时的温度和时间

蔬菜种类	催芽室温度/℃	时间/天
茄子	28～30	5
辣椒	28～30	4
番茄	25～28	4
黄瓜	28～30	2
甜瓜	28～30	2
西瓜	28～30	2
生菜	20～22	3
甘蓝	22～25	2
花椰菜	20～22	3
芹菜	15～20	7～10

【注意】 包种子时种子包平放时的厚度不宜超过3cm。催芽过程中应间隔4～5h翻动种子1次，进行换气，并及时补充水分。

4. 播种

根据定植时间和苗龄确定播种期。冬春茬黄瓜常规苗苗龄一般为30天左右，嫁接苗为50天左右。夏秋季育苗苗龄一般为15天左右。冬春茬育苗应在温室或拱棚内苗床上添加小拱棚等多层覆盖设施（图3-5）。观察苗床5cm地温稳定在16℃以上时即可播种。

冬春茬播种应选在晴天的上午进行，夏秋茬播种宜选择在下午5：00以后或阴天进行，均采用点播方法。瓜类嫁接育苗则可采用撒播方法，如图3-6所示。冬春茬播种前苗床或营养钵应浇透35℃温水，水下渗后在每个营养钵或营养土块中央播种1粒，播种深度为1～2cm，种子平放。播后应及时覆盖塑料薄膜保温保湿，种子出土后及时撤膜。

【注意】 冬春茬黄瓜播种不宜过深，否则遇低温高湿易烂种。也不宜过浅，过浅则易戴帽出土或影响根系下扎。

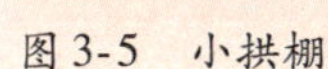

图 3-5　小拱棚

图 3-6　苗床撒播苗

5. 冬春茬黄瓜苗床管理技术

（1）温度管理　冬春茬黄瓜苗床温度管理见表 3-6。

表 3-6　冬春茬黄瓜苗床温度管理

生育时期	白天气温/℃	夜间气温/℃	其　他
播种到子叶出土	28～30	>16	苗床要密闭，白天充分见光，晚上覆盖草苫等保温
70%～80%子叶出土到第一片真叶出现	20～25	15～18	适当降温，防止下胚轴旺长，形成高脚苗
第一片真叶展开后	25～28	15～18	促形成壮苗
定植前7～10天	18～22	12～16	保护地定植应轻炼苗，露地栽培应重炼

（2）湿度管理　黄瓜苗床管理应严格控制水分。播种前应浇透水，出苗前一般不浇水，以防种苗徒长或低温沤根。出苗至真叶展开后，应结合苗床墒情及时增加浇水量。浇水宜在晴天的上午进行，水温为 35℃左右。

【注意】　塑料营养钵育苗应坚持少量多次浇水的原则；营养土块育苗应尽量较少浇水。

(3) 光照管理 冬春茬黄瓜育苗床多处于低温弱光环境，管理不善苗子细弱，易徒长，因此应采取措施尽量增加苗床透光率。第一，要经常保持棚膜清洁，增加幼苗见光时间。第二，在保证发育所需温度的基础上，草苫尽量早揭晚盖，以延长见光时间。第三，采用无滴膜覆盖，及时通风排湿，防止棚内结露、滴水。第四，久阴乍晴，幼苗易发生脱水萎蔫，应采用晒花苫或采用草苫时盖时揭的方法，待幼苗恢复正常再揭全苫。

(4) 病虫害防治 黄瓜苗期主要有猝倒病、病毒病、炭疽病等侵染性病害以及冷害、沤根等生理性病害，应通过降低棚室及苗床湿度和化学药剂防治，打药宜在晴天上午进行。主要虫害有蚜虫、白粉虱、蓟马和美洲斑潜蝇等，应及时采用化学药剂防治。具体方法参考黄瓜病虫害防治一章。

(5) 定植前炼苗 黄瓜幼苗定植需进行降温、控水处理，以增加幼苗抗逆能力和适应性。具体方法是：在定植前5~7天，选晴暖天气浇透水1次。然后通过加强通风降温排湿，使苗床白天温度控制在20~22℃，天气晴暖时，夜间可将不透明覆盖物揭开，使苗床两端或两侧通风降温，使夜间温度控制在18~20℃。之后随气温上升，苗床夜间温度稳定在18℃以上时，可将塑料薄膜全部揭开。炼苗期间应注意刮风、下雨、倒春寒等天气变化，及时加盖覆盖物，严防苗床淋雨或遭受冷害。

【注意】 黄瓜幼苗若定植于棚室内，且幼苗健壮、适应性强，则炼苗强度应酌情降低或不炼苗。

(6) 壮苗标准 冬春茬黄瓜的壮苗标准为苗龄30~35天，2~3叶1心，苗高8~10cm，下胚轴粗矮，茎粗0.2~0.3cm，子叶节位距土壤表面不超过3cm，子叶完整，真叶叶片肥厚呈深绿色，无病斑、虫害。根系洁白发育良好，主根和侧根粗壮，无药害，无损伤。

(7) 育苗过程常见问题 冬春茬黄瓜育苗过程中气温较低，光照时间短，气候变化剧烈，常伴有倒春寒发生，均不利于幼苗生长发育。育苗过程常见问题与解决方法见表3-7。

表 3-7　育苗过程常见问题与解决方法

序号	问　题	症　状	原　因	解决方法
1	不出苗	幼芽腐烂或干枯、烧苗	施用未腐熟有机肥或过量化肥、农药导致烂芽；播种过深；土温低于 15℃，湿度过大；苗床过干致幼芽干枯	合理施用药肥，保持苗床适宜温、湿度
2	种子“戴帽”出土	种皮部分包住子叶并一起出土，子叶展开不及时，影响光合作用	播后覆土过薄，土壤水分不足，地温较低出苗时间延长，种子活力弱或种皮厚等	播后轻轻镇压土壤或在所播大粒种子上方堆 1.5 ~ 2cm 小潮土堆；保持苗床适宜湿度和温度；可在早晨或喷水后，种皮潮湿软化后人工“摘帽”
3	子叶畸形	两片子叶大小不一，或子叶开裂，或真叶抱合、粘连，真叶不能正常展开	种子质量较差或低温下叶芽发育不良所致	精选漂洗种子，剔除秕粒、残粒
4	高脚苗	下胚轴细长，叶柄长，叶片小，叶色浅，植株细弱	苗床高温高湿，光照不足，施氮过量	及时揭盖草苫和通风降温，出苗前苗床温度控制在 30℃，出苗至第一片真叶展开前不宜超过 25℃，同时严控浇水，增加光照，及时通风降温排湿
5	沤根	部分根系变黄，甚至枯萎腐烂，无新生白根，叶片深绿而不舒展，严重者叶缘枯黄	土温低于 10℃，湿度过大	苗床温度掌握在 15℃以上，最低不能低于 13℃，同时防止土壤湿度过大

（续）

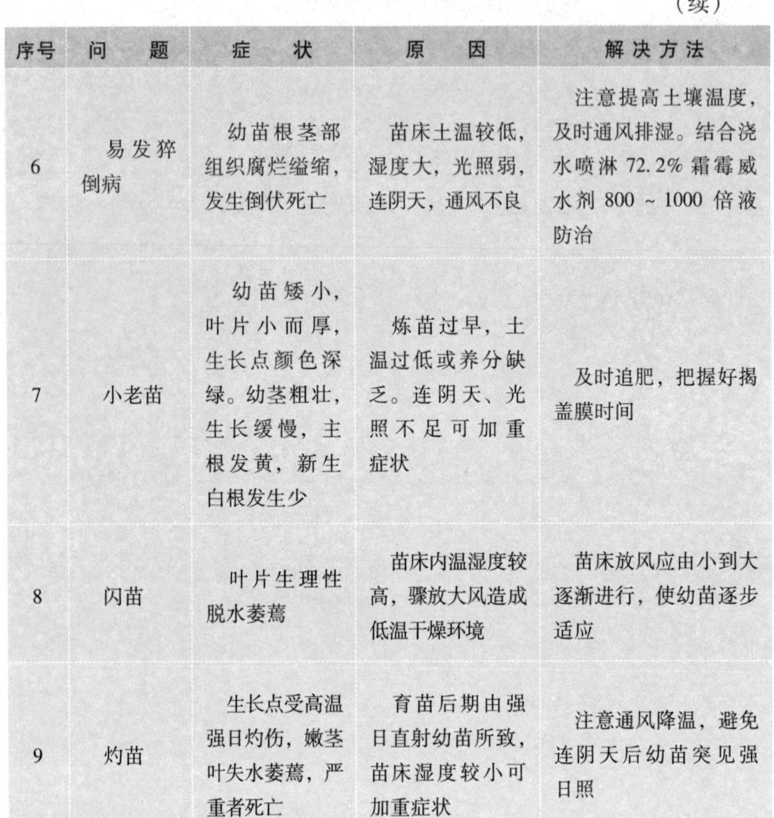

序号	问　题	症　状	原　因	解决方法
6	易发猝倒病	幼苗根茎部组织腐烂缢缩，发生倒伏死亡	苗床土温较低，湿度大，光照弱，连阴天，通风不良	注意提高土壤温度，及时通风排湿。结合浇水喷淋 72.2% 霜霉威水剂 800 ~ 1000 倍液防治
7	小老苗	幼苗矮小，叶片小而厚，生长点颜色深绿。幼茎粗壮，生长缓慢，主根发黄，新生白根发生少	炼苗过早，土温过低或养分缺乏。连阴天、光照不足可加重症状	及时追肥，把握好揭盖膜时间
8	闪苗	叶片生理性脱水萎蔫	苗床内温湿度较高，骤放大风造成低温干燥环境	苗床放风应由小到大逐渐进行，使幼苗逐步适应
9	灼苗	生长点受高温强日灼伤，嫩茎叶失水萎蔫，严重者死亡	育苗后期由强日直射幼苗所致，苗床湿度较小可加重症状	注意通风降温，避免连阴天后幼苗突见强日照

二　夏秋茬黄瓜育苗管理技术

夏秋天气的基本特点是高温多雨，光照强烈，气候变化剧烈，病虫害多发。因此，此期苗床管理的重点是通风降温，防雨遮阳，避免高温导致花芽分化不良，后期产生畸形果，以及防治病虫害等。管理要点如下。

（1）选种与种子处理　选种与种子处理环节参考冬春茬。

（2）催芽　夏秋季节气温一般在 30℃ 以上，适宜黄瓜发芽，因此直接用湿棉纱、毛巾等包裹种子放于暗环境下催芽即可。一般催芽 1 天左右就可以播种。

（3）播种 播前应将苗床或营养钵浇透水，不必覆盖薄膜保湿，一般播后 40h 左右幼苗即可出土。

（4）苗床管理 苗床在温室中应在昼夜打开顶部通风口的同时，将温室前沿农膜撩起通风，通风口加装 80 目防虫网。在塑料拱棚内育苗时，除顶部放风外，两侧农膜均应卷起，以加大通风量。日光过于强烈时，可在棚室农膜上方加装遮阳网以遮光降温或在棚膜上喷洒石灰水或白色涂料。有条件的地方可在温室前沿加装风机和湿帘及时降温，适当控制浇水，以防形成高脚苗。温室前沿有雨水灌入时，应及时挖阻水沟，防止苗床灌雨水或被雨淋（图 3-7）。注意综合防控猝倒病，病毒病，蚜虫、螨类、斜纹夜蛾等病虫害。

温室前沿安装防虫网

大棚两侧安装防虫网

温室棚膜喷洒涂料遮光

图 3-7 温室苗床管理

（5）壮苗标准 夏秋季黄瓜宜小苗定植。壮苗标准为：苗龄 15 天左右，2 ~ 3 叶 1 心，茎粗 0.3 ~ 0.5cm，叶色深绿肥厚，无病虫斑。根系洁白，主侧根发达，布满整个营养钵。

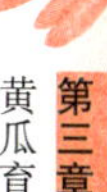

第二节 黄瓜穴盘基质育苗管理技术

穴盘基质育苗技术是工厂化育苗中的核心技术，具有基质材料来源广泛、易防病、节肥、成苗率高等优点，目前已在设施蔬菜产区得到广泛应用。

1. 穴盘选择

多选用规格化穴盘，制盘材料主要有聚苯乙烯或聚氨酯泡沫塑料模塑和黑色聚氯乙烯吸塑 2 种。规格为长 54.4cm，宽 27.9cm，高 3.5 ~ 5.5cm。如图 3-8 所示，孔穴数有 50 孔、72 孔、98 孔、

128 孔、200 孔、288 孔等规格。根据穴盘自身重量又可分为 130g 轻型穴盘、170g 普通穴盘和 200g 以上重型穴盘 3 种。常见蔬菜穴盘选择和种苗大小见表 3-8。黄瓜育苗一般选择 72 孔普通穴盘即可，播种南瓜砧木则需 50 孔穴盘。

图 3-8 常见 72 孔和 50 孔穴盘

表 3-8 不同蔬菜类型穴盘选择和种苗大小

季节	蔬菜种类	穴盘选择	种苗大小
春季	茄子、番茄	72 孔	六七片真叶
	辣椒	128 孔	七八片真叶
	黄瓜	72 孔	三四片真叶
	花椰菜、甘蓝	392 孔	二叶一心
	花椰菜、甘蓝	128 孔	五六片真叶
	花椰菜、甘蓝	72 孔	六七片真叶
夏季	芹菜	200 孔	五六片真叶
	花椰菜、甘蓝	128 孔	四五片真叶
	生菜	128 孔	四五片真叶
	黄瓜	128 孔	二叶一心
	茄子、番茄	128 孔	四五片真叶

2. 基质配方选择

生产上农户自育苗自用，因需苗量不大，故可直接购买成品基质，如图 3-9 所示。成品基质养分全面，育苗过程中一般无须补肥。工厂化育苗基质需求量大，为节省成本，一般自行配制混合基质。

基质成分主要包括有机基质和无机基质两种。常见有机基质材料有草炭（泥炭）、锯末、木屑、炭化稻壳、秸秆发酵物等，生产上以草炭较为常用，效果最好。无机质主要有珍珠岩、蛭石、棉岩、炉渣等，其中珍珠岩和蛭石应用较多。

图 3-9　市场成品基质

常用混合基质配方有：①草炭∶珍珠岩（蛭石）∶秸秆发酵物（食用菌废弃培养料）= 1∶1∶1 或1∶2∶1；②草炭∶蛭石∶珍珠岩 = 6∶（1 ~ 2）∶（2 ~ 3）；③草炭∶炭化稻壳∶蛭石 = 6∶3∶1；④草炭∶蛭石∶炉渣 = 3∶3∶4。选好基质材料后，应按照配比进行混合。混合过程中每立方米混合基质掺入 1kg 三元复合肥或磷酸二铵、硝酸铵和硫酸钾各 0.5kg，可有效预防黄瓜苗期脱肥。同时每立方米基质应拌入 50% 的多菌灵可湿性粉剂 200g 进行消毒，如图 3-10所示。

图 3-10　基质混合

【注意】 基质配制过程中不宜以尿素作为种肥，以免降低发芽率。另外，混合基质的 pH 宜调整为弱酸性或近中性（pH 为 6 ~ 6.5），有利于黄瓜幼苗生长。

3. 装盘

基质装盘以搅拌均匀的湿润基质为佳，此法播种幼苗出土整齐一致，不易戴帽。方法如下：先将基质盛于敞口容器中，加水搅拌至湿润（抓一把基质轻握以不滴水为宜），如图 3-11 和图 3-12 所示，然后将湿基质装盘，抹平。

图 3-11　加水拌匀基质

4. 播种

播种前先用手指戳播种窝（图 3-13）。每穴播种 1 粒，播深为种子长度的 1 ~ 1.5 倍（约 1cm），播后在窝上覆盖干基质，然后用手掌轻压抹平（图 3-14）。冬春茬 5 ~ 6 天，夏秋茬 2 ~ 3 天即可出苗（图 3-15）。

图 3-12　装盘

戳窝

播种

覆土

图 3-13　戳窝播种

【注意】 基质装盘前应先过筛，除去基质土块，以防土块压苗造成弱苗。播种后覆种基质以过筛干基质为宜，不宜采用湿基质，以免影响出苗。

图 3-14 基质过筛

图 3-15 出苗

5. 苗期管理技术要点

（1）冬春茬育苗 冬春茬穴盘基质育苗的关键限制因子是低温和弱光，因此应在穴盘上方加盖小拱棚进行二次覆盖。同时，可采用每平方米功率为 110W 的远红外电热膜铺于地下 2cm 左右，然后将穴盘置于其上，通过温控仪调控小拱棚内白天的温度为 25～30℃，夜间的温度为 15～18℃，效果良好，如图 3-16 所示。并应注意浇水，水温温度一般把握在 20～25℃，不可用冷自来水直接浇灌，以免冷水激苗，浇水宜在早晚进行。

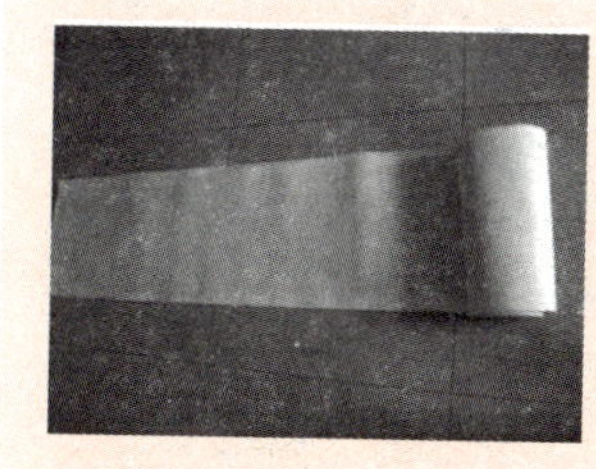

图 3-16 远红外电热膜

【提示】 穴盘苗根系可通过渗水孔下扎至土壤中，应经常挪动穴盘位置，防止定植时伤根造成大缓苗。

（2）高温季节育苗 高温季节水分蒸发量大，光照强烈，因此育苗管理上应坚持小水勤浇的原则，以保持上层基质湿润。同时，每穴盘浇完水后应回浇穴盘边缘苗，以防边缘缺水形成小弱苗。出苗后应控制浇水，以防苗徒长。后期苗需水量大增，喷壶洒水似毛毛雨已不能满足其需要，可在穴盘四周做简易畦埂，以水漫灌穴盘底部的方法解决。中午阳光过于强烈时，可在棚膜上方外覆遮阳网遮阴降温。有条件的地方可安装风机和湿帘辅助降温。

第三节 黄瓜嫁接育苗管理技术

黄瓜的嫁接育苗可有效防控黄瓜枯萎病、根腐病等土传病害，可提高黄瓜的低温耐性，砧木的吸收能力强等有助于植株健壮丰产，在连作地块效果尤为明显。嫁接方法主要有靠接法、插接法和劈接法三种，前两种方法较为常用。嫁接育苗主要包括以下环节。

1. 砧木选择

目前与黄瓜接穗亲和力比较强的砧木主要有南瓜，以白籽南瓜和黑籽南瓜较为常用（图 3-17）。

图 3-17 南瓜种子—白籽

【提示】 南瓜砧选择不当或嫁接组合不当时，可能导致植株徒长，结瓜推迟，风味变差的现象，因此宜在枯萎病多发的连作地块推广应用。

2. 确定播期

砧木和黄瓜接穗播期应根据砧木种类和嫁接方法确定，以确保砧木嫁接适期与接穗嫁接适期相遇。一般而言，以南瓜作砧木，采用靠接法时则南瓜比接穗晚播 3 ~ 4 天，采用插接法时南瓜比接穗早播 3 ~ 4 天。以瓠瓜作砧木，采用靠接法和插接法则砧木分别比接穗晚播 5 ~ 7 天或早播 5 ~ 7 天。可在苗床或穴盘中播种，苗床播种南瓜时密度稍大以使其下胚轴细长，有利于嫁接操作。图 3-18 为播种白籽南瓜时的场景。

3. 嫁接适期

靠接法嫁接适期以接穗第一片真叶展开一半，砧木子叶完全展开，第一片真叶正要抽出时为宜（图 3-19）。插接法嫁接适期为砧木子叶完全展开，接穗子叶刚刚展开（图 3-20）。嫁接时砧木和接穗的苗龄宜小不宜大，以免大苗髓腔形成后与接穗间不易产生愈伤组织而影响成活率。

图 3-18 播种白籽南瓜

图 3-19 靠接法待嫁接接穗（左图）和砧木（右图）

图 3-20 插接法待嫁接接穗

4. 嫁接前的准备

包括嫁接工具与场所。嫁接用切削工具主要有双面刮须刀片和竹签，接口固定物是小塑料平口夹和圆口夹（图3-21），靠接应用平口夹。还要准备75%的酒精用于消毒。提前准备营养钵和营养土。嫁接应在无风、相对湿度较高的棚室内或育苗专用温室内进行。

5. 嫁接方法

（1）靠接法 此法在嫁接前期，接穗和砧木均保留根系，易成活，便于操作，生产应用较多。靠接法的操作步骤如下（图3-22）。

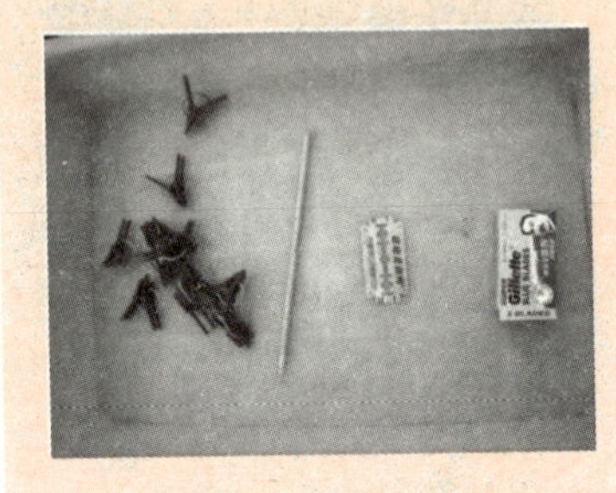
图3-21 嫁接工具

① 切砧木。用刀片削去南瓜真叶，在子叶下1cm处用刀片斜削一刀，斜度为35°~45°，长度约1cm，深度为下胚轴粗度的2/5~1/2，以不达髓腔为宜。

② 切接穗。在接穗子叶下1.2~1.5cm处向上45°斜切一刀，深度为胚轴直径的1/2~2/3，长度与砧木切口一致。

③ 插合与固定。右手拿接穗，左手拿砧木，将砧木和接穗切口嵌合，然后用平口夹将二者固定，此时砧木和接穗子叶呈十字形。

④ 嫁接结束后及时移栽入营养钵中，二者根系相距1cm，以便后期接穗断根，接口应距钵内土面2~3cm，以免水湿伤口或发生自生根。

⑤ 栽好后适量浇水，勿湿接口，之后覆盖小拱棚保温保湿，3~5天成活后方可揭膜；另外，温室棚膜上方应搭花苫遮阴。

⑥ 7~10天后待伤口愈合，应及时切断接穗根部。

【提示】 靠接法伤口愈合好，成活率高，成苗长势较旺，管理简单，但操作复杂，需投入较多劳力。

（2）插接法 插接法为砧木不离土和接穗断根后嫁接，此法一次完成，操作简单，但操作不当时此法成活率稍低于靠接法。插接法的操作步骤如下（图3-23）。

① 切除生长点。用刀片切除南瓜真叶和生长点。

② 竹签制作。选择粗度与砧木直径相适应的竹签（直径略小于下胚轴），前端削尖、削平，使其横断面呈半圆形。

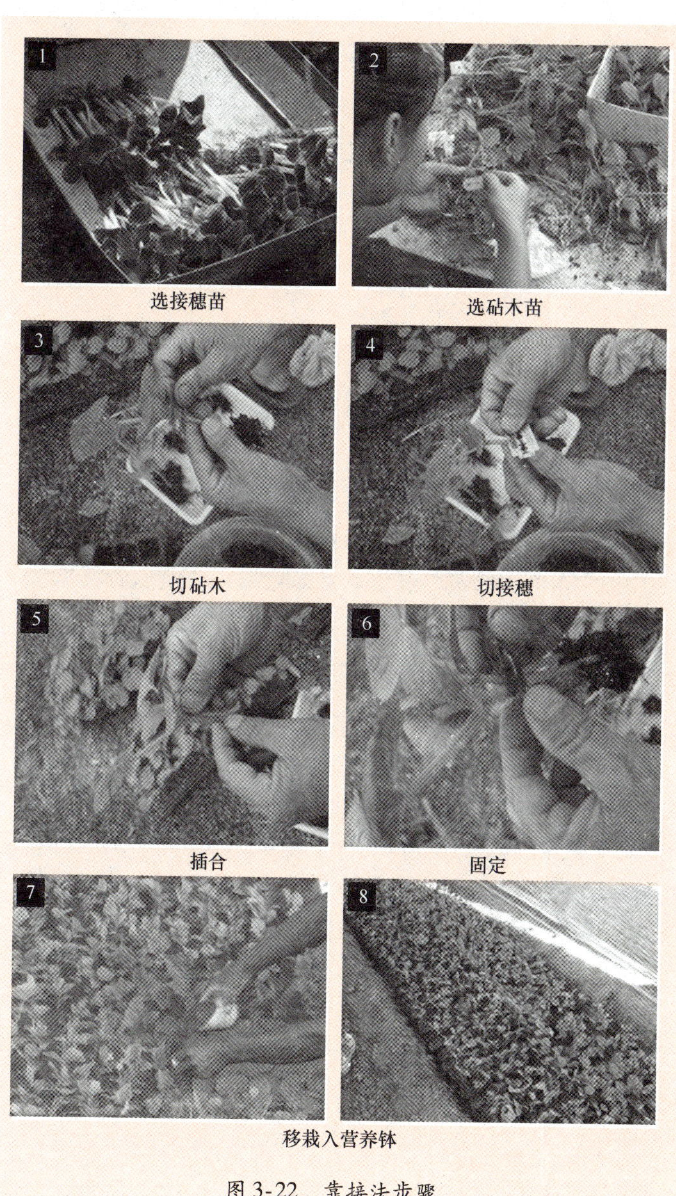

选接穗苗　　选砧木苗

切砧木　　切接穗

插合　　固定

移栽入营养钵

图 3-22　靠接法步骤

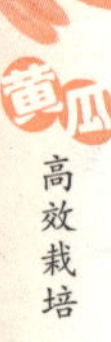

浇水

草苫遮阴　　覆盖小拱棚

图3-22　靠接法步骤（续）

③ 插孔。左手扶住砧木，右手持竹签从砧木一侧子叶着生处向另一侧子叶下方成45°斜戳深约0.7～1cm的孔洞，以不戳破下胚轴为宜，竹签暂不拔出。

④ 切削接穗。取接穗在其子叶下方0.8～1cm处用刀片沿胚轴上表皮倾斜向下削一刀，切至下胚轴直径的2/3，切口长0.6～0.7cm，反转接穗，从切口对侧斜削将胚轴切成楔形。

⑤ 插合。拔除砧木上竹签，立即将接穗向下轻轻插入砧木孔中，使其密合，此时接穗子叶与砧木子叶呈“十”字形或平行均可。

⑥ 嫁接结束后覆盖小拱棚保温保湿，温室棚膜上方应搭花苫遮阴，勿让水滴沾湿伤口。

【注意】 插接法操作简单，功效较高，但接穗苗龄过大会影响成活率，生产应予注意。

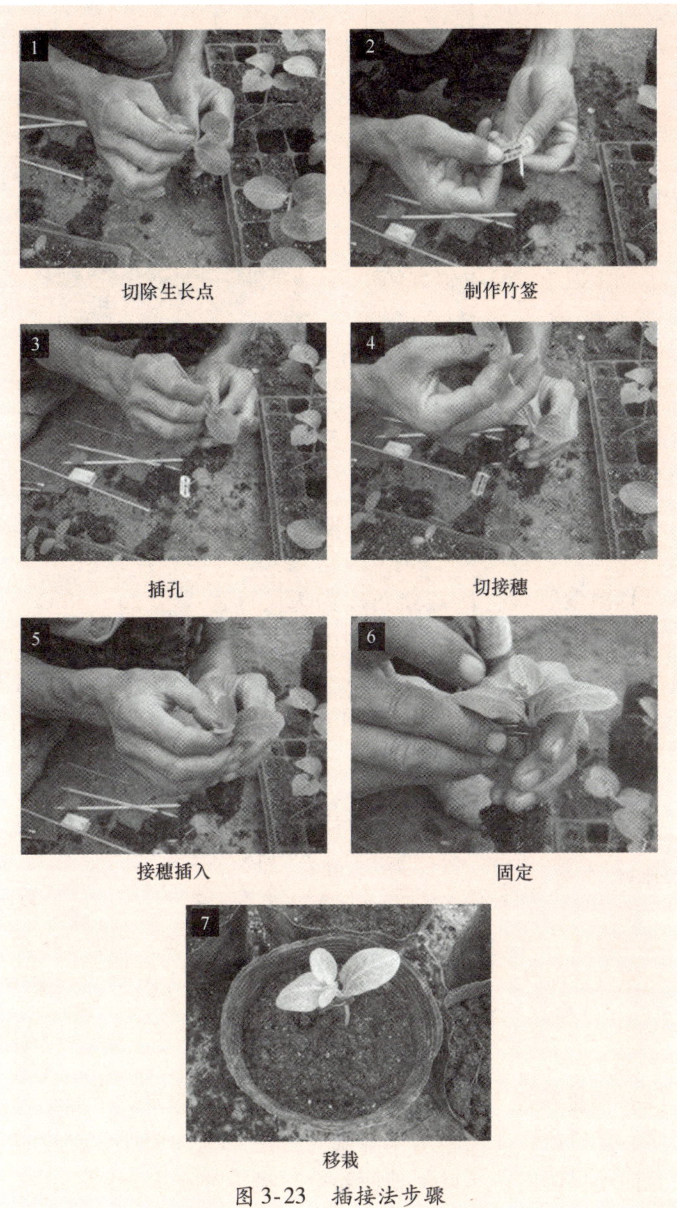

切除生长点　制作竹签
插孔　切接穗
接穗插入　固定
移栽

图 3-23　插接法步骤

6. 机器人嫁接黄瓜

人工嫁接黄瓜需要技术熟练的工人，且效率较低，嫁接标准不一，在一定程度上限制了嫁接苗的推广应用。由中国农业大学发明的双向高速蔬菜嫁接机器人对黄瓜苗嫁接的速度大于850棵/h，嫁接成功率大于95%，可使嫁接速度提高30%以上，具有很好的应用前景。机器人嫁接黄瓜如图3-24所示。

图3-24　机器人嫁接黄瓜

7. 嫁接后管理技术要点

黄瓜嫁接后的苗床管理对于提高嫁接苗成活率非常重要，尤其最初5天的管理是否得当是成败的关键。应及时采取措施加强苗床温度、湿度、光照和通风等管理，以加快伤口愈合及促进幼苗生长。

（1）温度管理　刚嫁接苗床白天温度保持在23～30℃，夜温18～20℃，不宜超过40℃或低于10℃。嫁接4～5天后进行适当通风降温，7天后气温控制在白天22～28℃，夜间15～18℃，土温20～22℃。定植前1周夜温降至13～15℃，进行低温炼苗。具体温度管理参照表3-9。

表3-9　黄瓜嫁接苗接口愈合期温度管理

不同时段温度	嫁接时间/天			
	1～3	4～6	7～9	10以上
白天气温/℃	23～30	22～28	22～28	23～25
夜间气温/℃	18～20	16～18	15～18	10～12
地温/℃	24～28	22～25	20～22	15～18

（2）湿度管理　嫁接苗栽到营养钵后应浇透水，上面架设小拱棚保湿，接口愈合前控制苗床湿度保持在85%～95%，湿度过低可用喷壶向小拱棚内苗床周围地面和空间喷雾补充水分。5～7天后逐渐随温度调控通风降湿，10天后按照一般苗床管理。

（3）光照管理　嫁接后棚室薄膜应盖草苫遮阴，2～3天后可采用晒花苫方法或早晨、晚上揭开草苫增加散射透光，并逐渐增加见光时间和强度，1周后只在中午阳光强烈时遮光，10天后恢复到一般苗床管理。

（4）通风换气　嫁接3天后，每天揭小拱棚棚膜1～2次进行换气，5天后新叶开始生长，应逐渐加大通风量。10天后嫁接基本成活可恢复一般苗床管理。

（5）其他管理　嫁接5～7天后应及时摘除砧木萌发的不定芽。靠接法嫁接10天后，用刀片在嫁接口下1cm处切断接穗下胚轴，同时摘除砧木不定芽。嫁接后15天除去固定塑料夹。待接穗真叶长至4～5片时可移栽定植。

【提示】　嫁接苗成活率提高的关键措施：①尽可能使接穗切口与砧木切口或插孔接触面大并紧密结合。②确保砧木和接穗嫁接适期相遇，或根据二者的生育状况，如粗细、高低、苗龄等，采用不同的嫁接方法。③嫁接技术要熟练。

8. 嫁接失败补救措施

黄瓜嫁接5天后应及时检查嫁接苗成活率，将子叶完整尚可利用的砧木分类入畦，畦上小棚内加强降温排湿，叶片喷洒70%甲基硫菌灵可湿性粉剂800倍液防病。同时按照未成活苗数的1.5倍种量浸种催芽并播种，接穗种子出土后子叶刚展开即可用于补接。补接过程时间仓促，接穗较小，因此宜采用劈接、贴接或芽接等方法。补接苗达到3叶1心定植，苗龄一般比原嫁接苗晚6～8天，但比再播砧木重新嫁接苗早10～12天。

第四章
黄瓜露地高效栽培和加工技术

第一节　黄瓜的生物学特性及对生长环境的要求

一　黄瓜的生物学特性

1. 根

黄瓜的根由主根、侧根、须根、不定根组成。黄瓜属浅根系植物，通常主根向地伸长，可延伸到1m深的土层中，但主要集中在30cm的土层内。主根上分生的侧根向四周水平伸展，伸展的宽度可达2m左右，但主要集中于半径30～40cm的范围内，深度为6～10cm。黄瓜的上胚轴培土之后可分生不定根（图4-1）。

图4-1　黄瓜根系

黄瓜根系的好气性较强，抗旱力、吸肥力都比较弱，故在栽培中定植要浅，土壤要求肥沃疏松，并保持土壤湿润，干旱时注意灌水。

黄瓜根系的形成层（维管束鞘）易老化，并且发生得早而快。所以幼苗期不宜过长，10天的苗龄，不带土也可成活，30～50天的苗龄带土坨、纸袋不伤根，也能成活，如果根系老化或断根，则很难生出新根。所以在育苗时，苗龄不宜过长。定植时，要防止根系老化和断根，保全根系。

2. 茎

茎蔓性，中空，4 棱或 5 棱，生有刚毛。5～6 节后开始伸长，不能直立生长。第 3 片真叶展开后，每一叶腋均产生卷须。茎的长度取决于类型、品种和栽培条件。早熟的春黄瓜类型茎较短，一般茎长 1.5～3m；中、晚熟的夏黄瓜和秋黄瓜类型茎较长，可长达 5m 以上。茎的粗细、颜色深浅和刚毛强度是植株长势强弱和产量高低的标志之一。茎蔓细弱、刚毛不发达，很难获得高产；茎蔓过分粗壮，属于营养过旺，会影响生育。一般茎粗 0.6～1.2cm，节间长以 5～9cm 为宜（图 4-2）。

3. 叶

黄瓜的叶分为子叶和真叶两类。子叶储藏和制造的养分是秧苗早期主要的营养来源。子叶的大小、形状、颜色与环境条件有直接关系。在发芽期叶可以用来诊断苗床的温、光、水、气、肥等条件是否适宜。真叶为单叶互生，呈五角形，长有刺毛，叶缘有缺刻，叶面积较大，一般为 200～500cm^2（图 4-3）。

图 4-2　黄瓜茎

图 4-3　黄瓜叶片

黄瓜之所以不抗旱，不仅是因为根浅，而且和叶面积大，蒸腾系数高有密切关系。就一片叶而言，未展开时呼吸作用旺盛，光合酶的活性弱。从叶片展开起净同化率逐渐增加，展开约 10 天后发展到叶面积最大的壮龄叶，净同化率最高，呼吸作用最低。壮龄叶是光合作用的中心叶，应格外用心加以保护。叶片达到壮龄以后净同化率逐渐减少，直到光合作用制造的养分不够呼吸消耗时，失去了存在的价值，应及时摘除，以减轻壮龄叶的负担。叶的形状、大小、厚薄、颜色、缺刻深浅、刺毛强度和叶柄长短，因品种和环境条件的差异而不同。生产上可以用叶的形态表现来诊断植株所处的环境条件是否适宜，以指导生产。

4. 花

黄瓜基本上是雌雄同株异花，偶尔也出现两性花。黄瓜花为虫媒花，依靠昆虫传粉受精，品种间自然杂交率高达53%～76%。因此在留种时，不同品种之间应自然隔离4～5km。花萼绿色有刺毛，花冠为黄色，花萼与花冠均为钟状、5裂。雌花为合生雌蕊，在子房下位，一般有3个心室，也有4～5个心室的，侧膜胎座，花柱短，柱头3裂（图4-4）。黄瓜花着生于叶腋，一般雄花比雌花出现早。雌花着生节位的高低，即出现早晚，是鉴别熟性的一个重要标志。不同品种之间有差异，与外界条件也有密切关系。

图4-4 黄瓜雄性花（左图）和雌性花（右图）

5. 果实与种子

黄瓜的果实是由子房和花托发育而成的。植物学上称作假浆果，又叫瓠果。因品种不同其果实性状差异很大，长短不一，大的长达60～100cm，小的只有十几厘米。如宁阳大刺瓜和津研4号黄瓜的果实都较大，而东北叶儿三、日本地黄瓜、俄罗斯黄瓜等极早熟地方品种，果实多短小，果实的表皮多种多样，有无棱、有棱、大棱、小棱、无刺、有刺、大刺、小刺、黑刺、白刺、毛刺、瘤刺、混合刺毛之分。中晚熟品种的果实有刺、大刺、厚皮；而极早熟品种和早熟品种的果实有刺、刺小、刺密、皮薄。薄皮的食用性比厚皮的好，但厚皮的耐运输和耐储藏（图 4-5）。

成熟的果实，表皮变黄，组织变软，失去食用价值。食用的商品果实为已长大的幼嫩子房，但表皮尚未老化。此时也正是黄瓜品种特性已充分表现出来的最佳嫩瓜阶段。黄瓜的种子着生于果实种腔的胎座上，成熟后呈扁平长椭圆形，黄白色。因顶端营养供应具有优势，瓜条中、上部的种子发育早，成熟快。受授粉和营养条件以及果实发育状况的影响，种子数量差别很大，一条瓜的种子数量一般为 100 ~ 200 粒，多者 400 粒以上，少者仅数 10 粒。种子粒数的多少与授粉量有关（图 4-6）。种子由种皮、胚、子叶组成，胚是生长中心，子叶是幼苗前期的营养供应中心，因而含有丰富的营养物质。

图 4-5　黄瓜果实

图 4-6　黄瓜种子

二　黄瓜的生育周期

黄瓜的生长发育周期大致可分为发芽期、幼苗期、初花期和结果期四个时期。

1. 发芽期（图 4-7）

由种子萌动到第一真叶出现为发芽期，约 5 ~ 10 天。在正常温度条件下，浸种后 24h 胚根开始伸出 1mm，48h 后可伸长 1.5cm，播种后 3 ~ 5 天可出土。发芽期生育特点是主根下扎、下胚轴伸长和子叶展平。生长所需养分完全靠种子本身储藏的

图 4-7　黄瓜发芽期

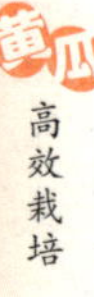

养分供给，为自养阶段。所以生长要选用充分成熟、饱满的种子，以保证发芽期生长旺盛。子叶拱土前应给以较高的温湿度，促早出苗、快出苗、出全苗；子叶出土后要适当降低温湿度，防止徒长。此期末是分苗的最佳时期，生产上为了护根和提高成活率，宜抓紧时间分苗。

2. 幼苗期（图4-8）

从真叶出现到4～5片真叶展开为幼苗期，有20～30天。幼苗期黄瓜的生育特点是幼苗叶的形成、主根的伸长和侧根的发生以及苗顶端各器官的分化形成。由于本期以扩大叶面积和促进花芽分化为重点，所以首先要促进根系的发育。黄瓜幼苗期已孕育分化了根、茎、叶、花等器官，为整个生长期的发展，尤其是产品产量的形成及产品品质的提高打下了坚实的基础。所以，生产上创造适宜的条件，培育适龄壮苗是栽培技术的重要环节和早熟丰产的关键。在温度和肥水管理方面应本着“促”“控”相结合的原则来进行，以适应此期黄瓜营养生长和生殖生长同时并进的需要。此阶段中后期是定植的适期。

图4-8　黄瓜幼苗期

【提示】　一定注意黄瓜最佳定植期，一般2～4片真叶出现时即可定植。

3. 初花期（图4-9）

由真叶5～6片到根瓜坐住为初花期，约15～25天，一般株高1.2m左右，12～13片叶。黄瓜初花期的发育特点主要是茎叶形成，其次是花芽继续分化，花数不断增加，根系进一步发展。初花期以茎叶的营养生长为主，并由营

图4-9　黄瓜初花期

养生长向生殖生长过渡。栽培上的原则是既要促使根的活力增强，又要扩大叶面积，确保花芽的数量和质量，并使瓜坐稳，避免徒长和化瓜。

4. 结果期

从根瓜坐住到拉秧为结果期。结果期的长短因栽培形式和环境条件的不同而异。露地夏秋黄瓜的结果期只有 40 天左右，日光温室冬春茬黄瓜的结果期长达 120 ~ 150 天，高寒地区黄瓜的结果期高达 180 天。黄瓜结果期的生育特点是连续不断地开花结果，根系与主、侧蔓继续生长。结果期的长短是产量高低的关键所在，因而应千方百计地延长结果期。结果期的长短受诸多因素的影响，其中品种的熟性是一个影响因素，但主要取决于环境条件和栽培技术措施。管理温度的高低，肥料的充足与否，不利天气到来的早晚和多少，特别是病害发生与否都对黄瓜结果期的长短起着决定作用。结果期由于不断地结果和采收，物质消耗很大，所以生产上一定要及时地供给足够的肥水。

三 黄瓜的花芽分化

1. 花芽分化的特点

黄瓜和其他果菜类相同，花芽在幼苗期分化。一般早熟种的子叶展平时，已开始花芽分化，在叶芽内分化出花原基，生长点只分化叶芽，与番茄、茄子由生长点分化花芽不同。黄瓜花芽分化经过无性、两性和单性 3 个时期。分化初期为无性时期，出现雌蕊为两性时期，最后向同一方向发展形成单性花为单性时期。花芽性别的决定除与品种遗传性有关外，主要取决于外界环境条件，利于雌性分化时，雄蕊发育停止，雌蕊发育形成雌花，反之则形成雄花。若环境条件在雌性分化或雄性分化途中偶然改变或环境条件对雌雄性的分化偶尔都适合时，则会形成两性花。低温短日照利于雌花形成，不仅雌花数目增多，而且着生节位降低，所以冷季育苗的早熟栽培有利于雌花形成。

早熟黄瓜品种发芽后 12 天，第一片真叶展开时，主枝已分化出第 7 节，在第 3 ~ 4 节开始花芽分化。发芽后 40 天，具有 6 片真叶时已分化出第 30 节，第 24 节开始分化出花芽，此时已有 10 ~ 14 个雌花花芽。

2. 雌花形成的环境条件

(1) 温度、光照 短日照低夜温，雌花形成早而多，黄瓜主蔓15节以上的雌花数目以日温25℃左右，夜温13～16℃最宜。昼夜高温（30℃），无论长日照（12h以上）或短日照（6～8h），均不形成或很少形成雌花；昼夜低温，日照长时雌花少，日照短可相对增加；昼温低、夜温高，无论日照长短，雌花基本不形成；但昼夜温度过低也很少形成雌花，地温以18～20℃为宜。所以苗期温度管理宜采用变温法。

(2) 水分、营养 土壤湿润有利于形成雌花，而干旱利于形成雄花。土壤相对湿度在47%时雄花多，在80%时雌花增加1倍以上。苗床土肥沃，氮磷钾肥配合适当，多施磷肥可降低雌花节位，多形成雌花；而钾能促进形成雄花，不能多施，应适量。

(3) 气体 在苗期增加二氧化碳含量，使光合作用增强，养分积累增多，有利于雌花形成。增加二氧化碳的方法有两个：在营养土中增施有机肥料；在有保护设施条件下增施二氧化碳气肥。

(4) 激素 有几种植物激素或生长调节剂对黄瓜的性型有影响，如乙烯利、萘乙酸、2，4-D、吲哚乙酸、矮壮素等都有促进雌花分化的作用。乙烯利在生产上较为多用。在育苗条件不利于雌花形成时，用乙烯利处理效果明显，但是乙烯利有抑制生长的作用，使用时应慎重。冬春茬育苗时，因昼夜温差大，日照较短，对雌花形成有利，一般无须用乙烯利处理；秋黄瓜育苗时，因温度高，日照长，昼夜温差小，进行乙烯利处理是必要的。

四 黄瓜果实的发育和产量

黄瓜果实在发育过程中，最初是果皮和胎座组织细胞数量的增加，然后是各细胞体积的膨大。在果实膨大后期，种子迅速发育，首先形成种皮，然后是胚的充实。黄瓜是吃嫩果的蔬菜，在瓜条长到一定的长度和粗度时，种皮刚开始形成时就加以采收。

雌花开花后的3～4天内，一昼夜只长1cm左右，开花后的5～6天一昼夜可长3cm左右，开花10天后，可长至20cm。瓜条膨大速度取决于光照、温度和水肥条件。不良条件不仅使果实生长速度慢，而且会产生畸形瓜和苦味瓜。

黄瓜的产量取决于单位面积上的株数、单株瓜数和平均单瓜重。黄瓜的合理密植范围以有效叶面积指数为3~4，每公顷总有效叶面积达30000~40000m^2为宜。在这个范围内，不论个体还是群体，叶面积指数增加时产量也增加。定植密度要根据栽培季节、栽培方式和土壤肥力灵活掌握。保护地栽培时，光照时数较短，光照强度弱，但地力好，定植株数应适当减少；露地栽培时，日照时间长，光强度大，地力较差，定植株数应适当加大。单株瓜数取决于坐果率。单瓜重取决于净同化率和温度、水、肥条件。所以，培育适龄壮苗，合理密植，加强水、肥、光、温的管理是取得高产的关键。

五 黄瓜对生长环境的要求

1. 温度

黄瓜是典型的喜温植物，生育适温为10~32℃。白天适温较高，为25~32℃，夜间适温较低，为15~18℃。光合作用适温为25~32℃。黄瓜所处的环境不同，生育适温也不同。据有关资料介绍，光照强度在1万~5.5万lx范围内，每增加3000lx，生育适温提高1℃。另外，高空气湿度和高二氧化碳条件下生育适温也会提高。所以生产上要根据不同环境条件采用不同温度管理指标。光照弱应采用低温管理。增施二氧化碳应采用高温管理。由播种到果实成熟需要的积温为800~1000℃。

一般情况下，温度达到32℃以上则黄瓜呼吸量增加，而净同化率下降；35℃左右同化产量与呼吸消耗处于平衡状态；35℃以上呼吸作用消耗高于光合产量；40℃以上光合作用急剧衰退，代谢机能受阻；45℃下3h叶色变浅，雄花落蕾或不能开花，花粉发芽力低下，导致畸形果发生；50℃下1h呼吸完全停止。因此，黄瓜制造养分的适温为25~32℃。在棚室栽培条件下，由于有机肥施用量大，二氧化碳浓度高，湿度大，黄瓜耐热能力有所提高。黄瓜正常生长发育的最低温度是10℃。在10℃以下时，光合作用、呼吸作用、光合产物的运转及受精等生理活动都会受到影响，甚至停止。

黄瓜植株组织柔嫩，一般-2~0℃为冻死温度。但是黄瓜对低温的适应能力常因降温缓急和低温锻炼程度而大不相同。未经低温

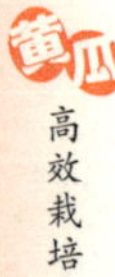

锻炼的植株，5～10℃即发生冷害，2～3℃发生冻害致死；经过低温锻炼的植株，不但能忍耐3℃的低温，而且遇到短时期的0℃低温也不致冻死。

黄瓜对地温要求比较严格。黄瓜的最低发芽地温为12.7℃，最适发芽地温为28～32℃，35℃以上发芽率显著降低。黄瓜根的伸长地温最低为8℃，最适宜为32℃，最高为38℃；黄瓜根毛的发生最低地温为12℃，最高为38℃。生育期间黄瓜的最适宜地温为20～25℃，最低为15℃左右。

黄瓜生育期间要求有一定的昼夜温差。因为黄瓜在白天进行光合作用，夜间进行呼吸消耗，白天温度高有利于光合作用，夜间温度低可减少呼吸消耗，适宜的昼夜温差能使黄瓜最大限度地积累营养物质。一般白天25～30℃，夜间13～15℃，昼夜温差以10～15℃较为适宜。黄瓜植株同化物质的运输在夜温16～20℃时较快，5℃以下停滞。但在10～20℃范围内，温度越低，呼吸消耗越少。所以昼温和夜温固定不变是不合理的。在生产上实行变温管理时，生育前期和阴天，宜掌握下限温度管理指标；生育后期和晴天，宜掌握上限管理指标。这样既有利于促进黄瓜的光合作用，抑制呼吸消耗，又能延长产品高峰期和采收期，从而实现优质高产高效益。

2. 光照

黄瓜对日照长短的要求因生态环境不同而有差异。一般华南型品种对短日照较为敏感，而华北型品种对日照的长短要求不严格，已成为中日照性植物，但8～11h的短日照能促进性器官的分化和形成。

黄瓜的光饱和点为55000lx，光补偿点为1500lx。黄瓜在果菜类中属于比较耐弱光的蔬菜，所以保护地生产中只要满足了温度条件，冬季仍可进行生产。但是冬季日照时间短，光照弱，黄瓜生育比较缓慢，产量低。炎热夏季光照过强，对生育也是不利的。

【提示】 在生产上夏季设置遮阳网，冬春季覆盖无滴膜和张挂反光幕，都是为了调节光照，促进黄瓜生长发育。

黄瓜的同化量有明显的日差异。每日清晨至中午较高，占全日同化总量的 60% ~70%，下午较低，只占全日同化总量的 30% ~40%。因此，日光温室栽培黄瓜应适当早揭苫。

3. 湿度

黄瓜根系浅，叶面积大，对空气湿度和土壤水分要求严格。黄瓜的适宜土壤湿度为土壤持水量的60% ~90%，苗期为60% ~70%，成株为 80% ~90%。黄瓜的适宜空气相对湿度为 60% ~90%。理想的空气湿度应该是：苗期低，成株高；夜间低，白天高。低到60% ~70%，高到80% ~90%。

黄瓜喜湿怕旱又怕涝，所以必须经常浇水才能保证黄瓜正常结果和取得高产。但一次浇水过多又会造成土壤板结和积水，影响土壤的透气性，反而不利于植株的生长。特别是早春、深秋和隆冬季节，土壤温度低、湿度大时极易发生寒根、沤根和猝倒病。故在黄瓜生产上浇水是一项技术要求比较严格的管理措施。

黄瓜对空气相对湿度的适应能力比较强，可以忍受95% ~100%的空气相对湿度。但是空气相对湿度大易发生病害，造成减产。所以棚室生产中阴雨天以及灌溉后，室内空气湿度大，应注意放风排湿。在生产上采用高垄覆膜、膜下暗灌等措施使土壤水分充足，湿度较适宜，有利于黄瓜正常生长发育，病害较少。

黄瓜在不同生育阶段对水分的要求不同。幼苗期水分不宜过多，水多容易发生徒长，但也不宜过分控制，否则易形成老化苗。初花期对水分要控制，防止地上部徒长，促进根系发育，建立具有生产能力的同化体系，为结果期打好基础。结果期营养生长和生殖生长同步进行，叶面积逐渐扩大，叶片数不断增加，果实发育快，对水分要求多，必须供给充足的水分才能获得高产。

4. 土壤

栽培黄瓜宜选富含有机质的肥沃土壤。这种土壤能平衡黄瓜根系喜湿而不耐涝、喜肥而不耐肥等矛盾。黏土发根不良，沙土发根较旺，但易老化。

黄瓜喜欢中性偏酸性的土壤，在 pH 为 5.5 ~7.2 的范围内都能正常生长发育，但以 pH6.5 为最适。pH 过高易烧根死苗，发生碱害；pH 过低易发生多种生理障碍，黄化枯萎，pH4.3 以下黄瓜不能生长。

5. 肥料

黄瓜吸收土壤营养物质的量为中等，一般每生产1000kg果实需吸收氮2.8kg，五氧化二磷0.9kg，氧化钾9.9kg，氧化钙3.1kg，氧化镁0.7kg。对五大营养要素的吸收量以钾为最多，钙其次，再次是氮，磷和镁较少。

黄瓜播种后20~40天，也就是育苗期间，施磷的效果显著，此期绝不可忽视磷肥的施用。氮、磷、钾各元素的50%~60%在采收盛期吸收，其中茎叶和果实中上述三元素的含量各占一半。一般从定植至定植后30天，黄瓜吸收营养较缓慢，吸收量较少。直到采收盛期，对养分的吸收量才呈增长的趋势。采收后期氮、钾、钙的吸收量仍呈增加趋势，而磷和镁与采收盛期相比都基本上没有变化。生产上应在播种时施用少量磷肥作种肥，苗期喷洒磷酸二氢钾，定植30天前后（即根瓜采收前后）开始追肥，并逐渐加大追肥量和增加追肥次数。

由于黄瓜植株生长快，短期内会生产大量果实，而且茎叶生长与结瓜同时进行，这必然要耗掉土壤中大量的营养元素，因此用肥比其他蔬菜要大些。无机营养不足会影响黄瓜的正常生长发育。但黄瓜根系吸收养分的范围小，忍受土壤溶液的浓度较小，所以黄瓜施肥应以有机肥为主，只有在大量施用有机肥的基础上提高土壤的缓冲能力，才能施用较多的速效化肥。施用化肥应配合进行浇水，以少量多次为原则。

6. 气体

大气中氧的平均含量为20.79%。土壤空气中氧的含量因土质、施有机肥多少、含水量大小而不同，浅层土壤含氧量多。黄瓜适宜的土壤空气氧含量为15%~20%，低于2%生长发育将受到影响。黄瓜根系的生长发育和吸收功能与土壤空气中氧的含量密切相关。生产上增施有机肥、中耕都是增加土壤空气氧含量的有效措施。

二氧化碳的含量和氧相反，浅层土壤中比深层土壤中少。在常规的温度、湿度和光照条件下，空气中二氧化碳的含量为0.005%~0.1%，黄瓜的光合强度随二氧化碳浓度的升高而增高。也就是说在一般情况下，黄瓜的二氧化碳饱和点含量为0.1%，超出此浓度则可能导致生育失调，甚至中毒。黄瓜的二氧化碳补偿点含量是0.005%，长期低于此限可因饥饿而死亡。但在光照强度、温度、湿度较高的情况下，光合作用的二氧化碳饱和点浓度还可以提高。空气中二氧化碳的含量约为0.0396%，露地生产由于空气不断流动，二氧化碳可以源源不断地补充到黄瓜叶片周围，能保证光合作用的顺利进行。保护地栽培，特别是日光温室冬春茬黄瓜生产，严冬季节很少放风，室内二氧化碳补充不足可影响光合作用。生产上可以通过增施有机肥和人工施放二氧化碳的方法得以补充。

第二节 黄瓜的露地栽培与加工

一 黄瓜露地栽培的形式和品种选择

黄瓜露地栽培的形式有春季露地栽培、越夏露地栽培和秋季露地栽培等（图4-10）。

图4-10 黄瓜露地栽培

根据栽培形式和当地消费习惯的不同选择不同品种。总体来说，应选择抗病性好、商品性状好的品种，具体可见表4-1。

表4-1 露地黄瓜栽培的不同形式及相应的适宜品种

栽培形式	适宜品种
春季露地栽培	津春4号、中农8号、园丰6号、露地2号、绿园30号、津优4号、8910
越夏露地栽培	津优40号、津优4号、园丰6号
秋季露地栽培	津春5号、津优4号、津优40号、中农8号、8910

二 春季露地黄瓜栽培技术

1. 育苗设施

春季露地黄瓜栽培一般在保护地育苗，终霜后定植。

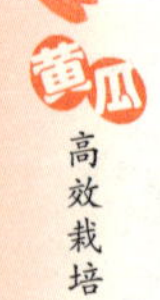

(1) 育苗场地 育苗设施可选用阳畦、日光温室、塑料大棚等。其中改良阳畦的应用较多，播种前先做好苗床，一般为东西向，做成平畦，畦宽1.5m左右，长度不限，埂高15cm。

(2) 营养土配制 育苗营养土应具备一定肥力，质地疏松，无病虫害。用没有种过瓜类的大田表土与腐熟的有机肥料，按（7:3）~（5:5）的比例混合。如果土质黏重，则可加入一定量的炉灰、沙子、石灰石等；若肥力不够，则加入一定量复合肥。每立方米加复合肥（碾碎）3kg并与土拌均匀。

(3) 育苗土消毒 按照种植计划准备足够的播种床进行土壤消毒。每平方米用甲醛30~50mL兑水3L喷洒床土，塑料薄膜闷盖3天，待气体散尽后播种。或用8~10g 50%多菌灵与50%福美双按1:1比例混合，再与15~30kg细土均匀混合，撒施床面。

(4) 用塑料营养钵或营养土块育苗 详见黄瓜育苗技术一章。

【注意】 营养土块育苗应精细操作，否则起苗时易散坨伤根，缓苗较慢。

2. 种子消毒

可采用温烫浸种、种衣剂处理、药剂拌种等方法进行种子消毒。温烫浸种的具体方法：将干种子投入55~60℃温水中处理约10min，处理过程中要不断搅拌。

浸种催芽：种子经消毒处理后，捞出清洗一遍，浸种4~6h，去水甩干，用布包好，置于26℃左右下催芽，环境要求避光、通气，催芽过程中还要常翻动种子，使种子受温均匀，经24h左右便开始出芽。

【注意】 ①冰柜或种子库低温保存种子必须播前晾晒，否则会因种子活力低下导致出苗不齐或不出苗。②包种子时种子包平放厚度不宜超过3cm。催芽过程中应间隔4~5h翻动种子进行换气，并应及时补充水分。

3. 播种

当芽长为1~3mm时即可播种。播种前先向营养钵中的营养土或泥土块喷水，水要浇透，水渗下后，即可播种。播种后，上盖经过消毒处理的营养土约1cm厚，轻轻按实后加盖一层白色塑料薄膜，四周用土盖严。若在阳畦中育苗，还要根据外界气温情况，在育苗床外加扣小拱棚覆盖塑料薄膜、草帘等保温设施。

4. 苗期管理

从播种到出苗前，为促快出苗、出全苗，应提高苗床温度，覆盖物宜晚揭早盖。当80%幼苗出来后，应适当降低苗床温度，防止徒长。当幼苗第一片真叶展平时，要尽可能增加光照，并适当降低温度，白天保持在20～25℃，夜间以13～15℃为宜。定植前6～7天，加大放风量或不闭风，定植前3～4天浇1次水，之后不再浇水，以此进行炼苗。

5. 定植

（1）选地、整地、施基肥 黄瓜忌连作，应选疏松、肥沃、3～5年未种过瓜类作物的地块种植。于冬前深翻地25～30cm，结合翻耕施入优质农家肥5000～7000kg/亩作基肥，也可在春耙整地时施入。开春解冻后结合整地每亩施入饼肥100～150kg、复合肥40kg和过磷酸钙25～30kg。耙平地面，作畦或垄，挖好排水沟。

（2）定植时间 当地终霜后，10cm土层地温稳定在12℃以上时进行定植。

（3）定植密度 根据品种特征、土壤肥力及生长期长短决定定植密度。一般每亩栽苗3000～4000株。主蔓结瓜、植株开张度小的品种，土壤肥力高，株距可小些；侧枝多、开张度大的品种，土壤肥力低，株距可大些。一般定植大行距70～80cm，小行距50cm，株距25～30cm。

（4）定植方法 可进行“明水栽”或“暗水栽”。“明水栽”，先把苗摆在定植沟或定植穴中，然后浇水，水渗下后用土封沟或穴。“暗水栽”，也叫坐水栽、水稳苗，一般在定植前先开沟或穴，在沟内或穴内浇水，待水渗到一定程度，将苗坨坐入泥水中，水渗下后，再封沟或封穴（图4-11）。

6. 定植后的管理

（1）支架、整枝、绑蔓 春季风大，为防止幼苗被风刮断，定

撒施有机肥　旋耕土地

开种植沟　包畦做窝

“明水栽”先摆苗　“明水栽”后浇水

“暗水栽”先浇水　“暗水栽”后种苗

图 4-11　黄瓜定植过程图示

引苗出膜

覆盖地膜

图 4-11　黄瓜定植过程图示（续）

植后应立即支架。距苗 7～8cm 处每株插 1 根竹竿，可根据需要采用人字架或琵琶架。支架后进行绑蔓。绑蔓的同时，摘除卷须与下部侧枝，中上部侧枝见瓜留 2 叶 1 心摘心，当主蔓满架时打顶，促结回头瓜。

【注意】 整个黄瓜生产过程中应及时摘除病老叶，以利于通风和减轻病害。

（2）根瓜采收前的肥水管理　定植后 4～5 天幼苗生发新根，当主茎生长点有嫩叶发生时表明已缓苗。此时可浇 1 次缓苗水。若天气干旱，可提前浇水，浇水量要少。水量过大易导致土温下降，不利于生根和缓苗。若土壤墒情适宜且很湿，则可不浇或晚浇缓苗水。结合缓苗水及时中耕，以提高地温。中耕的深度，应近根处浅，远根处深，不要松动幼苗的土坨。在第一根瓜坐瓜前管理上以“控”为主，缓苗后 2 周内适当控制浇水，多中耕松土。中耕 2～3 次后培土，深为 4～5cm，以促根系发育，达到根深秧壮、花芽大量分化、根瓜坐稳的目的。生产上应根据土壤干湿状况结合秧苗长相确定蹲苗时间。控苗太狠，导致幼苗生长受抑，易引发化瓜或根瓜变苦现象。当根瓜坐住后，大多数瓜把颜色变深时，应及时冲施一次稀粪水或沼液肥以促进根瓜和秧苗生长。

（3）结瓜期的肥水管理　结瓜期外界气温逐渐升高，瓜条和茎叶生长速度加快。随成熟瓜条的不断采收，黄瓜肥水吸收量逐渐增多，此期肥水管理应以“促”为主。根据植株长势及气候变化，结瓜初期植株只到半架，坐瓜尚少，气温相对较低，浇水量不宜过大，一般7天浇水1次。采收盛期气温升高，茎叶生长旺盛，坐瓜多，此时应肥水齐攻，1~2天浇1次水。浇水应在清晨进行，掌握少水勤浇的原则，忌大水漫灌。追肥结合浇水进行，前期天气不热，以穴施腐熟的稀大粪或鸡粪为好；天气较热后，以施速效化肥为宜，一般浇1次水追1次肥，每次追施尿素8~10kg/亩或磷酸氢铵20kg/亩。

【提示】 露地黄瓜追肥宜将有机肥和化肥交替施用，肥效好，营养全，果实品质佳。

（4）采收 始收期与品种、苗龄、气候条件和栽培管理状况有关。一般定植后25~30天采收根瓜，根瓜应尽量早收，以免坠秧。根瓜与回头瓜生长较快时，开花4~12天即可采收，初收期每隔2~3天采收1次，盛瓜期隔天或每日采收。

三 夏秋季露地黄瓜栽培技术

夏秋黄瓜是在盛夏时播种，初秋开始收获，直至出现霜冻时结束。此茬口生育前期，正处于高温炎热多雨季节，黄瓜植株经常受到雨涝、雹灾和各种病虫害的危害，产量不高。但此茬黄瓜对解决8~9月蔬菜淡季供应可起到一定缓解作用。

（1）茬口安排 一般在初霜前80~100天露地直播，播种约50天后开始收获，霜前拉秧。

（2）整地作畦 宜选3~5年没种过瓜类作物的疏松、肥沃的地块种植，耕地不宜太深，以15~16cm为宜，以免积水受涝。结合整地施入充分腐熟的有机肥5000kg/亩，使土肥均匀混合，地面耙平后，先挖好排水沟，按南北向作畦，可作瓦垄畦、小高畦或高垄。

（3）播种 多采用干种子直播，也可浸种3~5h后播种。在预先准备好的播种沟内点播种子，株距7~8cm。播种后覆土镇压，播后浇水。

（4）田间管理 秋黄瓜前期高温多雨、后期干旱低温，生产应着重加强苗期肥水管理。

1）播种、定苗、中耕：出苗前如果土壤干旱，需再浇水湿润播种沟。水量不宜过大，以免造成土壤板结影响出苗，一般浇 2 次水后苗出齐。幼苗出土后及时间苗。一般当子叶展开时进行第一次间苗，间除过密苗、弱苗和畸形苗。幼苗出现第 4 片真叶时定苗，保留株距 20～22cm，每亩地留苗 4500 株左右。定苗后，浅中耕 1 次，追施肥水、促苗生长。

2）支架、绑蔓、中耕除草：定苗后浇水 1 次，之后插架绑蔓。同时需进行多次中耕除草。中耕深度以 2～3cm 为宜。

3）肥水管理：此茬口应特别注意水分管理，既要防旱，又要防涝。要看天、看地、看苗以决定浇水时间及浇水量。幼苗出齐后至根瓜采收前，尽量少浇水，以利于养根壮苗，减少病害。浇齐苗水后及时中耕，保墒松土。收根瓜后，开始增加浇水次数，但应以保持土壤湿润为准。前期早、晚浇水，结瓜后气温降低，要适当少浇水，在晴天上午浇水以维持地温稳定。播种结束后及时修排水沟以便排水。定苗后，结合浇水进行第一次追肥，每亩施硫酸铵 10kg 左右。之后凡遇大雨或连阴雨后均应追肥，盛瓜期要“隔水一肥”，每次每亩追磷酸二氢钾 10～15kg 或尿素 5～10kg。

（5）采收 播种 40～45 天后开始采收，后期随着气温下降瓜条发育速度变慢，但瓜条不易衰老，采收时间要求不严格。

四 黄瓜的常见加工技术

由于黄瓜具有润肤美容、降低血脂、减肥等功效，市场上的黄瓜制品供不应求。如果抓住夏秋黄瓜上市高峰时期进行储藏和深加工，其经济效益可提高数倍。现介绍几种上市黄瓜食品的加工方法。

1. 清脆原味黄瓜干

1）选择八至十成熟的黄瓜，用流动水洗净，然后去除瓜蒂、瓤籽，适当晾干。

2）把黄瓜放入大缸中（缸要放在背阴的地方），用预先晒过的大粒盐腌上（50kg 黄瓜用 4～6kg 盐），放入一层黄瓜撒一点盐，然后用干净的石块或其他重物压在黄瓜上。7～10 天后，黄瓜水就会被腌压出来。

3）将腌压后的盐水黄瓜放在日光下晒干，晒时每天要翻动1～2次，也可把黄瓜用线串起来放到阴凉的地方晾干。晾晒的程度以摸着不粘手为宜。制干后，可以放在冷冻室里保存或出售，食用时用水冲泡即食。

2. 苏北清脆乳黄瓜

1）选择梅雨季节清晨采摘的乳黄瓜，要求线形好、瓜条直、大小均匀，以每千克30～50条为宜。

2）将选好的黄瓜（以100kg计）清洗干净，沥干水分后倒入缸内进行初腌。先向缸内的黄瓜洒入适度的淡盐水3kg，再分层全面撒食盐9kg，一层瓜一层盐，加盐时下层少些，上层多些。盐腌6～7h后倒缸1次，倒缸3次后取出乳瓜装入竹筐内排卤。

3）将初腌的乳瓜倒入另一个缸内，进行第2次腌制。做法是：按每100kg咸乳瓜用盐10kg，一层瓜一层盐地逐层放入缸内。第2天翻瓜1次，随后将缸口用篾片卡紧，缸面按每100kg成坯加盐2kg的标准撒封缸盐，最后用20波美度的盐卤漫头储藏。腌制15天左右即可食用。

4）将腌制的咸乳瓜放入清水中浸泡漂洗，脱去盐分，一般每24h换1次清水。脱盐时间，夏季为1～2天，脱至盐分含量的5%～6%，将浸泡的乳瓜捞出，沥干水分。

5）将乳瓜装入纱布袋内，投入酱缸中，用酱过乳瓜的甜面酱进行酱渍，每100kg乳瓜用酱100kg。每天早晚各搅拌1次，搅拌时应由上往下，用力均匀，不能过猛。同时每天早晨要摁袋1次，摁袋就是将袋内的咸卤和气泡排出，让面酱中的营养成分充分渗透到袋内的乳瓜中。初酱时间约为7天，随季节的变化略有不同。

6）把初酱过的乳瓜装袋入缸，投入甜面酱中继续酱渍。每100kg乳瓜用甜面酱70kg。酱渍期间每天搅拌2～3次，每天早晨摁袋1次。复酱时间7～10天，酱渍完成后即为成品。

3. 脆嫩糖渍黄瓜

1）选用肉质细致脆嫩、直径在3cm以上的幼嫩青色黄瓜，用清水充分清洗黄瓜，横切成长为4cm左右的小段，并去掉瓜心，在瓜段周围划上条纹。

2）将处理好的瓜段立即投进饱和澄清的石灰水中浸渍 5～7h，捞出并放入含 2% 明胶、微量叶绿素铜钠盐的青绿色溶液中，浸泡 4h 后捞出、沥干。

3）先将 50kg 瓜段放入糖渍的桶中，再将 50% 含量的糖液 40kg 加热煮沸，趁沸倒进糖渍桶中，浸渍 24h（不可搅拌）。然后把浸渍桶中的糖液用管子抽入加热锅中，煮沸到 104℃，加入食用香酸钠 0.04kg，趁热抽入糖渍桶内再浸渍 48h，中间再抽出糖液再加入 2 次，使浸渍均匀。最后将糖液抽出入锅，加砂糖 6kg，煮沸到 115℃，加入瓜段，拌匀，停止加热，放置 1 天后移出，放入烘盘中。

4）将烘盘上的瓜段压成扁块状，入烘干机用 65℃温度烘干，待含水量达 14% 时取出即为成品。

4. 风味香辣瓜丁

1）配料比例：黄瓜 50kg，白砂糖 50kg，蒜泥 1.5kg，辣椒粉 800g，姜粉 800g，芹菜（切碎）800g，丁香粉 100g，白矾粉 100g，肉桂粉 50g，食用香酸钠 30～40g。

2）选取长 8cm 左右、直径 2.5cm 左右的青嫩黄瓜为原料。将黄瓜洗净，并将整个黄瓜用针刺穿透瓜身，使之易于脱水和吸入糖液，穿刺完毕，投入含 0.1% 的亚硫酸钾及 0.1% 的氯化钙水中，经 8h 后移出沥干水分备用。

3）将白砂糖与其他配料充分混匀后加入黄瓜入坛。一层黄瓜一层白砂糖混合料，边装边压实，直至装满坛为止，密封坛口。

4）入坛后的前 7 天，每日将坛摇动 2 次。浸渍 1 个月后开坛捞出黄瓜，滤去糖液，放在太阳下晾晒 1 天左右。待表面水分晒干后切成 2cm 长的小段，晒至半干即为成品。

5. 黄瓜果脯

选幼嫩、横径为 3.5cm 以上的青色黄瓜，洗净后横切成长 4cm 的短段，用口径 1.5～2cm 的圆形通心器捅去瓜心，再把瓜段周围纵划若干条纹，其深度为瓜肉的 1/2，制成坯。将瓜坯投入饱和澄清石灰水中浸泡 8h，再移入含 2% 明矾和微量叶绿素铜钠盐的溶液中浸渍 4h，取出沥干。配制 45%～50% 的糖液 50kg，煮沸后放入瓜段

50～60kg，浸渍24h，捞出，并向糖液中加入适量白糖，使糖液含量为45%～50%，再次煮沸后把瓜段加入，浸渍24h，如此反复几次，使糖液含量达到65%～70%，最后浸渍2天，并在糖液中加入40g的苯甲酸钠溶液，以利产品长期保存。将黄瓜段压成扁块状，送入60～70℃烘烤箱烘12～16h，用手摸不粘手，水分含量在16%～18%时出烘房，即为成品。

第五章

黄瓜棚室栽培常用设施设计与建造

黄瓜保护地栽培的常用设施是小拱棚、塑料大棚和日光温室。本章以寿光常用黄瓜棚室栽培设施为例，分别介绍不同棚室的设计与建造方法。

第一节　小拱棚的设计与建造

小拱棚的跨度一般为1~3m，高0.5~1m。其结构简单，造价低，一般多用轻型材料建成。骨架可由细竹竿、毛竹片、荆条、直径为6~8mm的钢筋等材料弯曲而成。

1. 小拱棚的主要类型

小拱棚的主要类型包括拱圆小棚、拱圆棚加风障、半墙拱圆棚和单斜面棚四类，如图5-1所示。生产应用较多的是拱圆小棚。

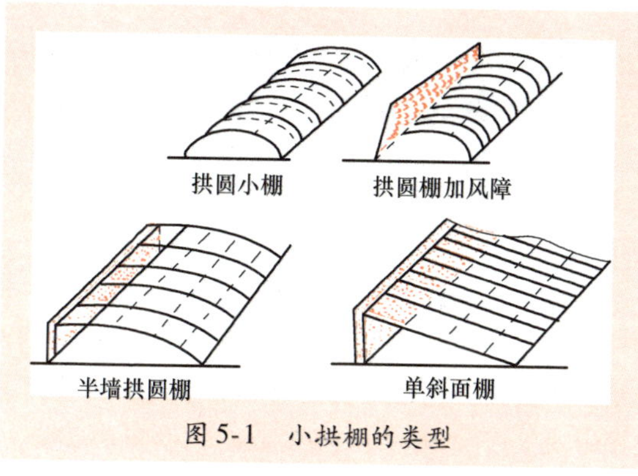

图5-1　小拱棚的类型

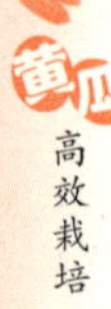

2. 小拱棚的结构与建造

小拱棚棚架为半圆形，高0.8～1m、宽1.2～1.5m，长度因地而定。地面覆盖地膜，骨架用细竹竿按棚的宽度将两头插入地下形成圆拱，拱杆间距30cm左右。全部拱杆插完后，绑3～4道横拉杆，使骨架成为一个牢固的整体，如图5-2所示。覆盖薄膜后可在棚顶中央留一条放风口，采用扒缝放风。为加强防寒保温，棚的北面可加设风障，棚面上于夜间再加盖草苫。

图5-2　塑料小拱棚

第二节　塑料大棚的设计与建造

黄瓜生产所用的塑料大棚主要包括竹木结构大棚和热镀锌钢管拱架大棚两种（图5-3）。

图5-3　竹木结构大棚和热镀锌钢管拱架大棚

1. 类型

塑料大棚按棚顶形状可以分为拱圆形和屋脊型两种，我国绝大多数生产用塑料大棚为拱圆形；按骨架结构则可分为竹木结构、水泥预制竹木混合结构、钢架结构、钢竹混合结构等，前两种一般为有立柱大棚；按连接方式又可分为单栋大棚和连栋大棚两种（图5-4）。

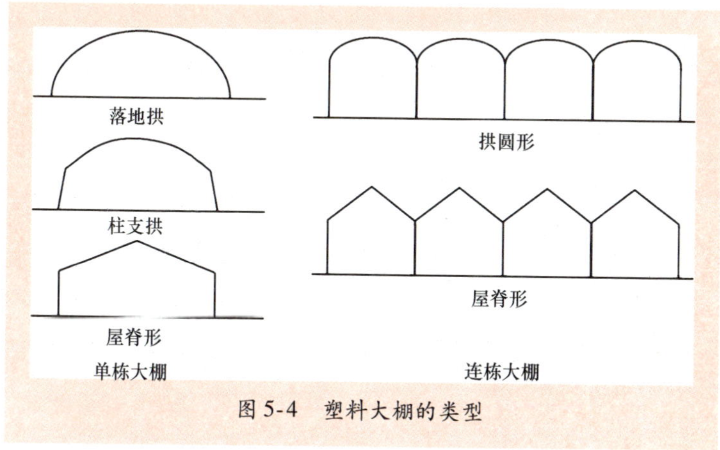

图 5-4 塑料大棚的类型

2. 结构

大棚棚型结构的设计、选择和建造，应把握以下 3 个方面。

1）棚型结构合理，造价低；结构简单，易建造，便于栽培和管理。

2）跨度与高度要适当。大棚的跨度主要由建棚材料和高度决定，一般为 8～12m。大棚的高度（棚顶高）与跨度的比值应不少于 0.25。竹木结构和钢架结构拱圆大棚结构图，如图 5-5、图 5-6、图 5-7 所示。

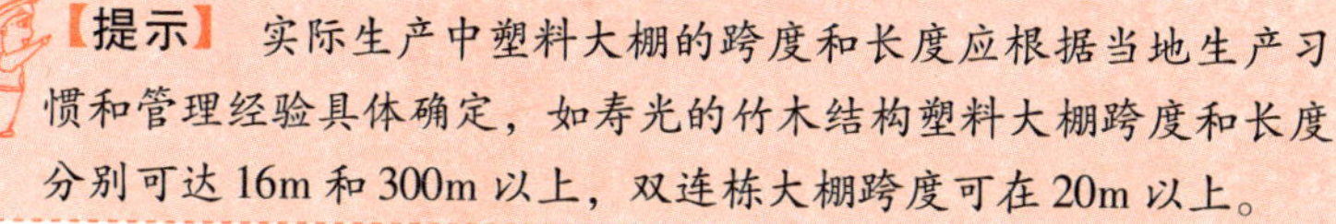
【提示】 实际生产中塑料大棚的跨度和长度应根据当地生产习惯和管理经验具体确定，如寿光的竹木结构塑料大棚跨度和长度分别可达 16m 和 300m 以上，双连栋大棚跨度可在 20m 以上。

3）设计适宜的跨拱比。性能较好棚型的跨拱比为 8～10［跨拱比 = 跨度/(顶高 - 肩高)］。以跨度 12m 为例，适宜顶高为 3m，肩高不低于 1.5m，不高于 1.8m。

3. 建造

（1）竹木结构塑料大棚 竹木结构大棚主要由立柱、拱杆（拱架）、拉杆、压膜绳或压杆等部件组成，俗称“三杆一柱”。此外，还有棚膜和地锚等。

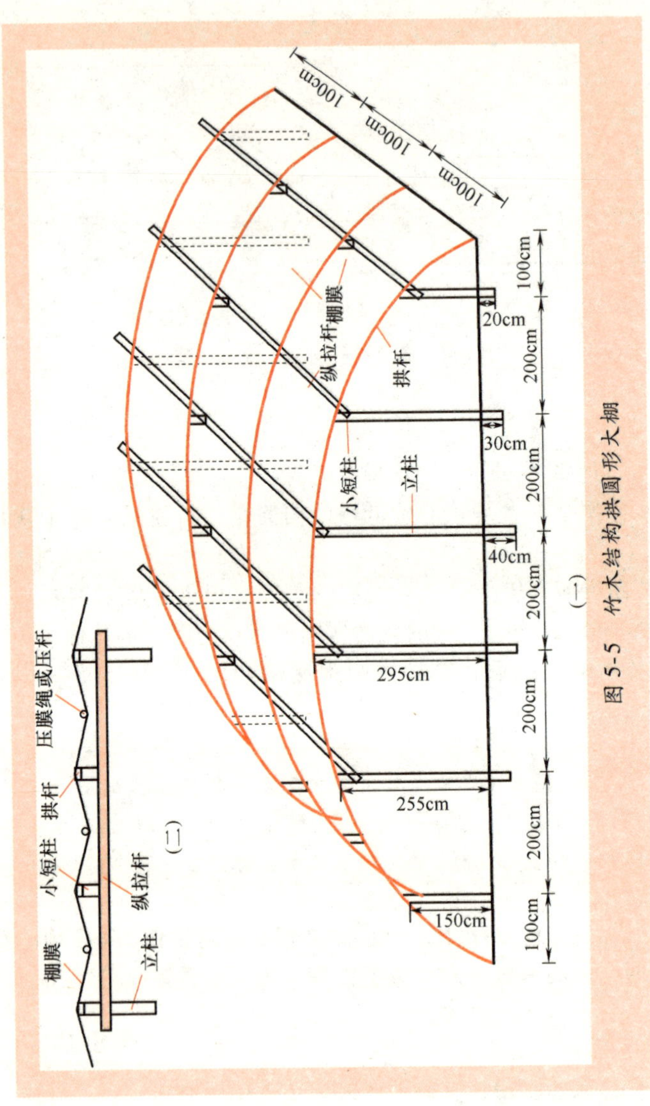

图 5-5 竹木结构拱圆形大棚

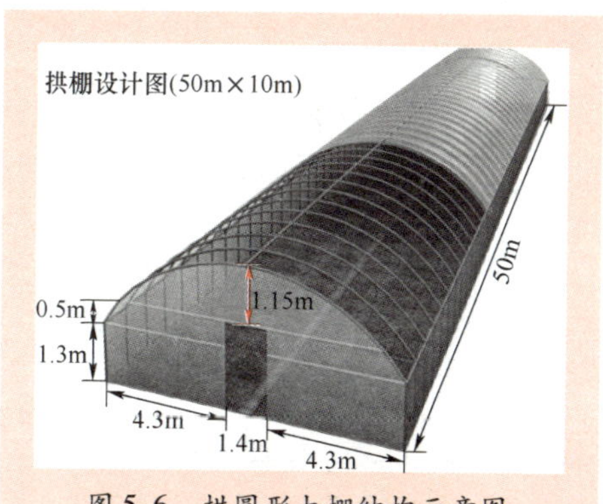

图 5-6　拱圆形大棚结构示意图

图 5-7　典型黄瓜塑料大棚

1）立柱。立柱起支撑拱杆和棚面的作用，呈纵横直线排列。纵向与拱杆间距一致，每隔 0.8～1m 设一根立柱，横向每隔 2m 左右设一根立柱。立柱粗度为 5～8cm，高度一般为 2.4～2.8m，中间最高，向两侧逐渐变矮呈自然拱形（图 5-8、图 5-9）。

2）拱杆。拱杆是塑料大棚的骨架，能决定大棚形状和空间构成，并起支撑棚膜的作用。拱杆可用直径 3～4cm 的竹竿按照大棚跨度要求连接构成。将拱杆两端插入地下或捆绑于两端立柱之上，其余部分横向固定于立柱顶端，呈拱形（图 5-10）。

3）拉杆。起纵向连接拱杆和立柱、固定压杆的作用，使大棚骨架成为一个整体。拉杆一般为直径 3～4cm 的竹竿，长度与棚体长度一致（图 5-11）。

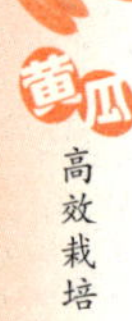

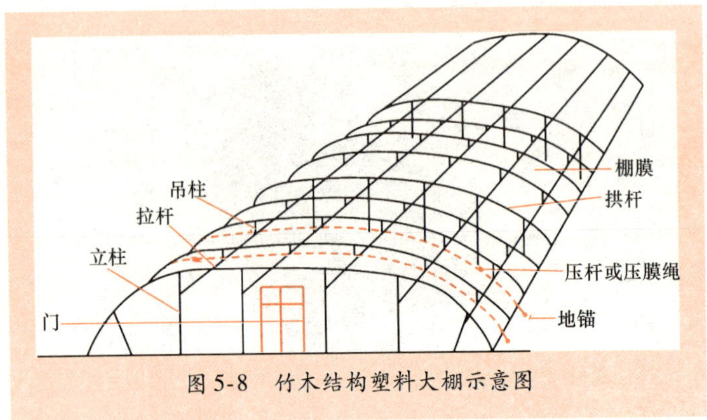

图 5-8　竹木结构塑料大棚示意图

图 5-9　立柱安排及实例

图 5-10　拱杆实例图

图 5-11　拉杆实例图

4）压杆。压杆位于棚膜上两根拱架中间，起压平、压实、绷紧棚膜的作用。压杆两端用铁丝与地锚相连，固定于大棚两侧土壤。压杆以细竹竿为材料，也可以用 8 号铁丝或尼龙绳代替，拉紧后两端固定于事先埋好的地锚上（图 5-12）。

图 5-12　压杆、压膜铁丝和地锚

5）棚膜。棚膜可以选用 0.1～0.12mm 厚的聚氯乙烯（PVC）或聚乙烯（PE）薄膜及 0.08mm 醋酸乙烯（EVA）薄膜。棚膜宽幅不足时，可用电熨斗加热粘连。若大棚宽度小于 10m，可采用“三大块两条缝”的扣膜方法，即三块棚膜相互搭接（重叠处宽大于 20cm，棚膜边缘烙成筒状，内可穿绳），两处接缝位于棚两侧距地面约 1m 处，可作为放风口扒缝放风。如果大棚宽度大于 10m，则需采用“四大块三条缝”的扣膜方法，除两侧封口外顶部一般也需要设通风口（图 5-13）。

图 5-13　简易大棚两侧和顶部通风口

两端棚膜的固定可直接在棚两端拱杆处垂直将薄膜埋于地下，中间部分用细竹竿固定。中间棚膜用压杆或压膜绳固定（图 5-14）。

图 5-14　两端及中间棚膜的固定

6）大棚建造时可在两端的中间两立柱之间安装两个简易推拉门。当外界气温低时，在门外另附两块薄膜相搭连，以防门缝隙进风（图 5-15）。

图 5-15　两端开门及外附防风薄膜

【提示】　大棚扣塑料薄膜应选择在无风晴天上午进行。先扣两侧下部膜，拉紧、理平，然后将顶膜压在下部膜上，重叠 20cm 以上，以便雨后顺水。

寿光等地蔬菜生产中采用的上述简易竹木结构塑料大棚，具有造价便宜，易学易建，技术成熟、便于操作管理等优点，因而得到了广泛推广和应用。因此，农民朋友在选择大棚设施时不可盲目追求高档，而应就地采用价廉耐用材料，以降低成本，增加产出。

（2）钢架结构塑料大棚 钢架结构大棚的骨架是用钢筋或钢管焊接而成的。其拱架结构一般可分为单梁拱架、双梁平面拱架和三角形拱架三种，前两种生产较为常见。单梁拱架一般以 ϕ12～18mm 圆钢或金属管材为材料；双梁平面拱架由上弦、下弦及中间的腹杆连成桁架结构；三角形拱架则由二根钢筋和腹杆连成桁架结构（图 5-16、图 5-17）。

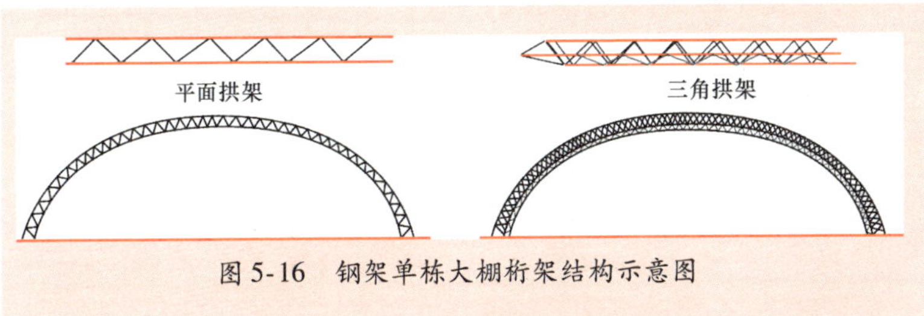

图 5-16 钢架单栋大棚桁架结构示意图

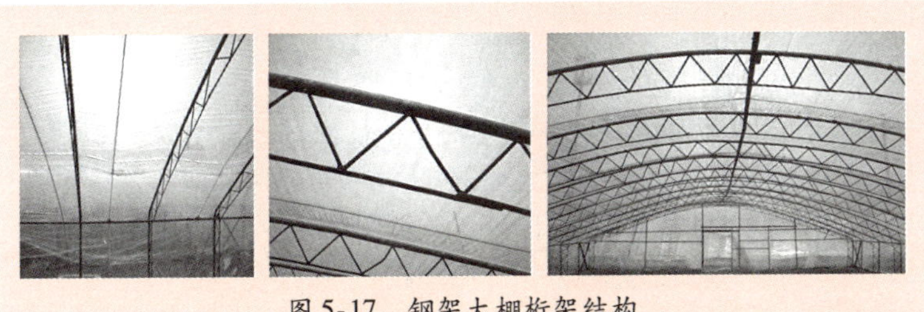
图 5-17 钢架大棚桁架结构

通常大棚跨度为 10～12m，脊高 2.5～3.0m。每隔 1.0～1.2m 埋设一拱形桁架，桁架上弦用 ϕ14～16mm 钢管、下弦用 ϕ12～14mm 钢筋、中间用 ϕ10mm 或 ϕ8mm 钢筋作腹杆连接。拱架纵向每隔 2m 以 ϕ12～14mm 钢筋拉杆相连，拉杆焊接于平面桁架下弦，将拱架连为一体（图 5-18）。

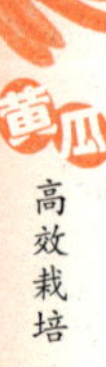

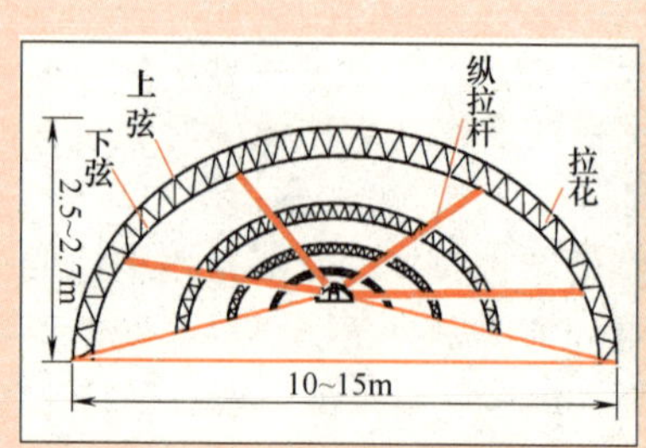

图 5-18 钢架桁架无立柱大棚

钢架结构大棚采用压膜卡槽和卡膜弹簧固定薄膜，两侧扒缝通风。具有中间无立柱、透光性好、空间大、坚固耐用等优点，但一次性投资较大。跨度 10m、长 50m 的钢架结构塑料大棚材料预算，见表 5-1。

表 5-1 跨度 10m、长 50m 的钢架结构塑料大棚材料及预算

项　目	材　料	数量或规格	总价/元
拱架	32mm 热镀锌无缝钢管	1822. 3kg	10022. 6
横向拉杆	32mm 热镀锌无缝钢管	692kg	3806
拱架水泥固定座		3. 69m^3	1107
薄膜	无滴膜	700m^2	2100
推拉门		2 个	500
压膜绳		4 股 320 丝塑料绳或直径 4mm、每千克长度约 74m 规格的塑料绳	540
卡槽		180m	500
卡子		200 个	100
合计			18975. 6

第三节 日光温室的设计与建造

目前北方黄瓜生产用日光温室多以寿光 V 型塑料日光温室（图 5-19）为范本建造，其结构主要由后墙与山墙、后屋面、前屋面和保温覆盖物四部分组成。温室为东西方向，坐北朝南，偏西

5°～10°。根据温室拱架和墙体结构不同一般可分为土墙竹木结构温室和钢拱架结构温室。

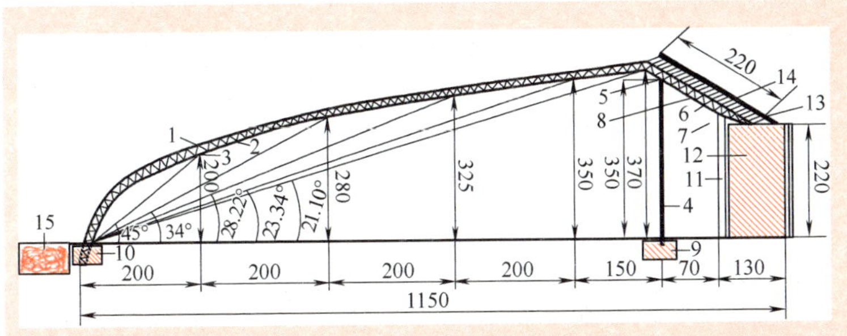

图 5-19　寿光V型塑料日光温室示意图（单位：cm）

1—拱梁上弦钢管　2—拱梁下弦钢筋　3—拱梁拉花钢筋　4—镀锌钢管后立柱　5—钢管横梁　6—后坡铁架东、西拉三角铁　7—后坡铁架连接后立柱的三角铁板　8—后坡铁架坡向三角铁板　9—固定后立柱的水泥石墩　10—固立拱梁的水泥石墩　11—后墙砖皮泥皮　12—后墙心土　13—后坡水泥预制板　14—后坡保温层　15—防寒沟

一　土墙竹木结构温室

该型温室是目前我国北方生产应用最广泛的温室，不仅造价低廉，而且土建墙体蓄热和保温效果良好，栽培效果较佳。典型的寿光竹木结构土建温室如图 5-20 所示。

图 5-20　寿光竹木结构土建温室

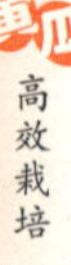

1. 墙体

确定好建造地块后，用挖掘机就地挖土，堆成温室后墙和山墙，后墙底部宽度应在3m以上，顶部超过2m。堆土过程中用推土机或挖掘机将墙体碾实，碾实后墙体高度根据跨度不同一般在3.5～4.0m。墙体堆好后，用挖掘机将墙体内侧切削平整，并将表土回填。同时在一侧山墙开挖通道（图5-21）。

图5-21 墙体与通道

【提示】 挖土堆墙以前，可先将20cm表土（属熟土）挖出置于温室南侧，待墙体建成后回填，有助于蔬菜栽培。并应注意前后温室之间的间距，冬季前温室不能遮挡后温室蔬菜，间距以前温室高度（含草苫）的2倍为宜。

2. 后屋面

在后墙上方建造后屋面，后屋面内侧长度一般为1.5m左右，与水平角度为38°～45°。在北纬32°～43°地区纬度越低后屋面角度可适当加大，反之角度减少。紧贴后墙埋设水泥立柱，用水泥立柱顶住后屋面椽头，之间以铁丝绑扎（图5-22）。

图 5-22　后屋面立柱

【提示】 后屋面高度数值与跨度相关，一般跨度与高度比约以 2.2 为宜。

3. 前屋面

竹木土建温室的跨度一般为 10～12m，根据跨度大小，在前屋面埋设 3～4 排水泥立柱，立柱间隔为 4m 左右，立柱顶端与竹竿相连，起支撑棚面的作用。同时，在竹拱杆的上方每隔 20cm 东西向拉 8 号铁丝锚定于两侧山墙。拉东西铁丝的主要作用是使棚面更加平整，同时便于棚上除雪等农事操作（图 5-23）。

图 5-23　温室前屋面

4. 薄膜、保温被与放风口

温室透明覆盖材料多采用保温、防雾滴、防尘、抗老化和透光

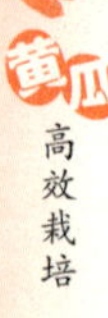

衰减慢的乙烯—醋酸乙烯多功能复合膜。近年来，不透明保温材料由草苫等向保温性能更好的针刺毡保温被或发泡塑料保温被等方向发展（图5-24）。

图5-24　无滴膜、保温被和发泡塑料保温被

温室顶部留放风口。风口设置可通过后屋面前窄幅薄膜与前屋面大幅薄膜搭连，从两幅薄膜的搭连边缘穿绳，由滑轮吊绳开关风口（图5-25）。

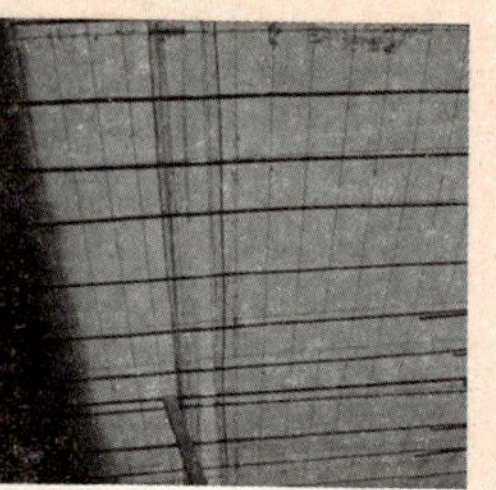

图5-25　放风口

5. 电动卷帘机

电动卷帘机因结构简单耐用，价格适中，可以大大降低劳动强度等优点而受到种植户的欢迎。寿光应用较多的折臂式卷帘机主要包括支架、卷臂、机头等部件（图5-26）。

6. 其他辅助设施

温室的辅助设施主要包括山墙外缓冲间、温室沼气设备和光伏太阳能设备等。为防止冷风直接进入通道，也有利于存放生产资料，可以在一侧山墙外建缓冲间（图5-27）。

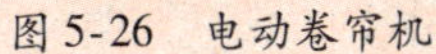

图 5-26　电动卷帘机

图 5-27　缓冲杂物间

为充分利用秸秆等蔬菜垃圾，积极发展循环农业，有条件的地区可在温室内设置建造沼气设备。沼液、沼渣可作为有机肥还田，沼气可作为沼气灯燃料用于蔬菜补光。高档沼气设备如图 5-28 所示，普通温室用沼气罐如图 5-29 所示。

图 5-28　温室沼气设备

此外，棚室蔬菜滴灌技术、二氧化碳施肥技术等新技术在部分地区得到了推广应用。二氧化碳发生器如图 5-30 所示。

图 5-29　普通温室用的沼气罐

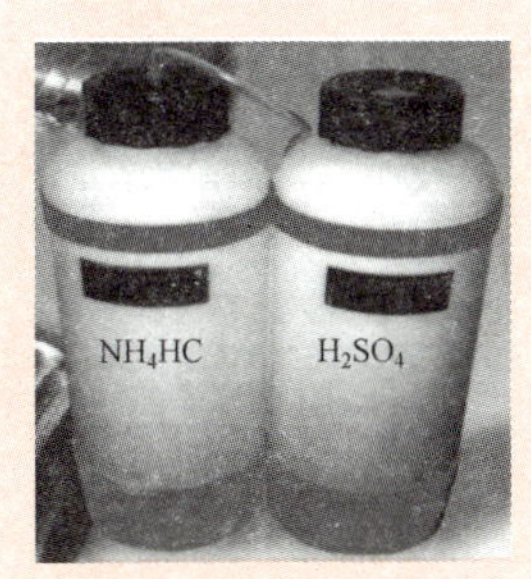

图 5-30　二氧化碳发生器

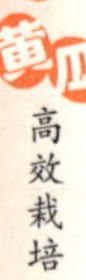

在规模化经营的现代农业公司提倡应用光伏能源转化发电，产生的清洁能源可广泛应用于温室蔬菜补光、加温等（图5-31）。

图5-31 温室光伏太阳能设备

【提示】 对于温室栽培新技术的引进和应用，务必坚持先引进示范然后再行推广的原则，不可盲目迷信新兴技术，以免达不到预期效果，造成生产投入的浪费。

二 钢拱架结构温室

该型温室具有双弦钢管或钢筋拱架，双层砖砌墙体，这种墙体可以克服土建温室内侧土墙因湿度大易发生倒塌及外墙易遭雨水冲刷等缺点，因而坚固耐用。其缺点是造价较高，因而不提倡一般个体种植业者采用。

同时，钢拱架由于曲度和支撑力均远高于竹竿，因此这种温室在保证前屋面更为合理的采光角度的同时，也提高了温室前部的高度，使温室内南边蔬菜的生长空间得以改善（图5-32）。

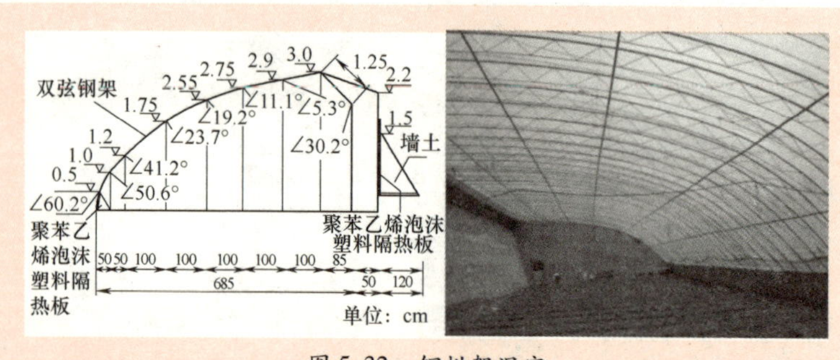

图5-32 钢拱架温室

1. 墙体

墙体建造有两种方法。一种是先砌两层24cm（一层砖厚12cm）厚砖墙，墙体间距1.5m左右，每隔2.8m左右加一道拉接墙将两层砖拉在一起，以防墙体填土撑开。为提高墙体整体承重，还需在墙体下部加设圈梁。在两层墙之间填土或保温材料，墙体顶部以砖砌平，水泥固化，应注意后墙顶部外侧高度应低于放拱架处高度，以免雨水从顶部渗入温室内部。另一种方法是和土建温室一样先堆土墙，然后在墙体内墙贴水泥泡沫砖，墙面抹水泥面出光，外墙则以水泥板覆盖，水泥抹缝。为节约成本，外墙体也可用废旧保温被或农膜覆盖（图5-33）。

图5-33 温室内外墙体

【提示】 北方地区温室后墙体和山墙厚度以保持在2m以上为宜，如果砖砌墙体厚度小于1m，则后墙蓄热和保温效果很难满足北方越冬茬茄果类和瓜类蔬菜生产。

2. 拱架

温室采用双弦钢拱架，即将钢管和钢筋用短钢筋连接在一起。根据温室跨度不同，一般每隔1.0～1.5m设置一个拱架。拱架之间每隔3m左右以东西向钢管连接。拱架上方每隔30cm左右东西向横拉8号铁丝锚定于东西山墙。

拱架上部放于后墙顶部水泥基座，拱架后部弯曲要保证后屋面有足够大的仰角，以便于阳光入射屋面内侧，蓄积热量。拱架下端固定于温室前沿砖混结构的基座上（图5-34）。

3. 后屋面

温室顶部以一道钢管或角铁将拱架顶部焊接在一起，以保证后

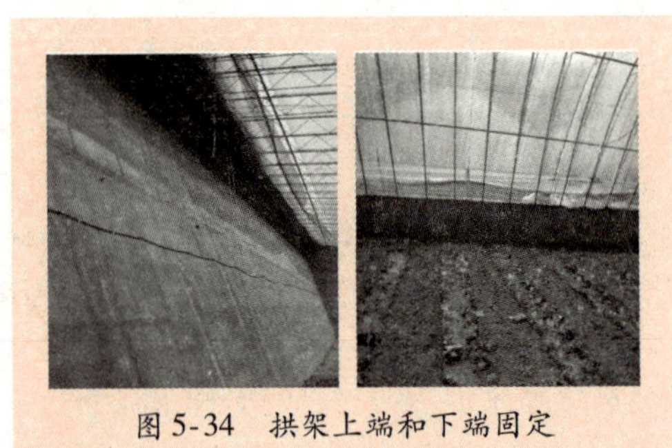
图 5-34　拱架上端和下端固定

屋面的坚固性。后屋面建筑材料多为石棉瓦、薄膜、毛毯包被玉米秸等。外面覆盖水泥板，水泥板间预设绑缚压膜绳用的铁环，水泥砂浆抹面，以防进水（图 5-35）。

图 5-35　后屋面内外侧图

4. 其他设施

温室山墙外可设置台阶，以便上下温室进行生产作业（图 5-36）。

图 5-36　台阶

第六章
黄瓜保护地高效栽培技术

第一节　黄瓜小拱棚早熟栽培技术

小拱棚黄瓜栽培一般在春季进行，属于短期覆盖，利用小型拱棚创造黄瓜可以生长的环境条件，等外界环境条件可以满足黄瓜生长需要后去掉拱棚，使黄瓜在露地条件下生长的一种栽培模式（图6-1），此模式可比露地黄瓜提早15～20天定植。其早熟效果超过地膜覆盖栽培。近年来采用地膜加小拱棚双膜覆盖的效果更好。

图6-1　小拱棚黄瓜栽培

一　品种选择

适于小拱棚栽培的黄瓜应具备以下特点：首先是品种早熟性好，越早上市，经济效益越高。其次是适应性强，小拱棚黄瓜前期外界气温低，而晴天白天棚内温度升高很快，棚内温度变化迅速，品种需有一定的耐低温能力；中后期移至露地后，选用的品种抗病能力要强。第三，品种符合销往地的消费习惯，商品性好。目前生产上应用较多的品种有津优1号、津研4号、中农12号、津春2号、春丰2号、绿园1号等。

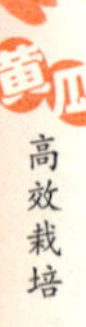

二 培育壮苗

1. 适期播种和定植

以山东寿光为例，小拱棚黄瓜一般在2月中下旬播种，3月下旬~4月上旬定植。

2. 育苗

一般选用津优1号、津春2号等优良品种，于2月中下旬阳畦或温床育苗。播种后天气寒冷，除密封框缝外，要加盖双草苫，同时晚揭苫、早盖苫。幼苗出齐后，适当放风，直到移栽前要逐渐加大放风量，定植前6~7天进行低温炼苗，适当降低夜温，但不能低于5℃。播后至囤苗前一般不浇水，定植前3~5天进行假植囤苗。对苗床浇一次透水，水渗后按8~10cm见方起苗，苗坨高以10cm为宜，坨底要平，随起随将苗坨排于阳畦内。一个苗床起完排好后，四周用土封严，防透风伤苗和干坨。

三 整地、施肥、作畦

头年秋作物收获后深耕土地20cm，实行冬季晾垡，3月底每亩施优质农家肥5000kg，磷酸二铵30~40kg作基肥。施肥后耕翻2遍，合垡成畦，平畦畦宽140~150cm，高畦畦面宽100cm，畦沟上口宽40~50cm（图6-2）。

图6-2 作畦、挖定植窝、覆盖地膜

四 定植

3月下旬~4月上旬定植。定植时幼苗抽生3~4片或5~6片真叶，选择无风晴天上午进行定植，随栽随浇水随扣小棚（图6-3）。

定植行距大行 80cm，小行 50cm，株距 25cm，每亩栽 4000 株左右，栽植深度以苗坨与畦面相平或稍露为宜。定植水不要过大，以防降低地温，影响根系发育。缓苗后，白天开始放风，放风量由小到大，进行炼苗，以逐渐适应外界条件，终霜后及时揭棚。

图 6-3　定植和扣棚

【提示】 栽苗时大苗在棚的四周，小苗在棚的中间。栽后立即覆盖地膜，在穴浇水的基础上，按株浇水 1～2 次，缓苗后再顺沟浇大水。

五 定植后的管理

1. 缓苗期管理

定植后往往气温较低，此时应密闭小棚，特别注意增温和保温，以利于尽快缓苗。如果天气晴朗，棚内升温较快，定植水蒸发到棚膜上，使棚膜密布小水珠，可减弱强光入射，因此即使棚内温度升至 35℃左右也不会烤伤幼苗。定植 3～4 天后，棚内温度达到 30℃时要开始放风，当降至 20℃左右时闭风。

【提示】 放风要掌握由小到大的原则，逐渐增大放风量，开始时尽量不要放“过堂风”。如果揭开两棚头通风时，最好在棚头用高 50cm 左右的薄膜作挡风帘，以免“扫地风”伤苗。

2. 抽蔓期管理

当秧苗有心叶伸出时，表明已经缓苗。从缓苗到根瓜坐住为抽

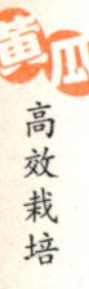

蔓期，此时尚不能插高架，最好用短架材料简单支架，防止黄瓜秧子满地乱爬，互相缠绕。

根据温度和秧苗情况，逐渐加大通风量。当棚外日平均气温达到20℃左右，夜间最低气温达到12℃以上时可撤除小拱棚，撤棚宜在早晨或傍晚进行。

3. 撤棚后的管理

（1）中耕除草，插架绑蔓 撤棚后及时进行中耕除草，以提高地温，促使根系下扎。在蹲苗的同时插架绑蔓，每株一根架材，一般采用"大人字花"架，蔓高30cm左右时开始绑蔓，以后每3~4片叶绑一道蔓（图6-4）。根据植株长势状况，选留第一个瓜，为促进根系和主蔓生长，10节以下的侧枝应尽早打掉，坚持以主蔓结瓜为主。采用拉直和迂回绑蔓的方法，尽量使全部植株保持高度一致。整枝时及时打掉病、死、枯叶。

图6-4 插架绑蔓

（2）水肥管理 定植后及时浇一次缓苗水，随水每亩冲施硝酸铵约10kg。根瓜采摘前后结束蹲苗，开始追加浇水肥，每亩冲施硝酸铵25kg。之后一般6~7天浇1次水，温度高时4~5天浇1次水。进入腰瓜采收期后，盛果期需水量大增，一般3~5天浇1次水，1次水1次肥。追肥可选用腐熟的鸡粪、猪粪或速效化肥，如尿素、硝酸铵等。如果有条件，有机肥和化肥可交替使用，每次每亩追稀粪水800~1000kg或沼液肥500kg，或硝酸铵20~25kg。

（3）病虫害防治 春季小拱棚前期容易发生枯萎病、黑星病、霜霉病等，后期容易感染白粉病、细菌性角斑病、霜霉病等。可用70%的乙膦·锰锌可湿性粉剂500倍液，72.2%的霜霉威盐酸盐水剂800倍液，64%的噁霜·锰锌可湿性粉剂400倍液喷雾，每7~10天防治1次。常发生的虫害主要有温室白粉虱、美洲斑潜蝇和瓜蚜等。防治措施参考第九章黄瓜病虫害防治。

六 采收

根瓜要及时采摘，以防坠秧。当植株叶片数达到25叶时摘心，以促回头瓜生长。结瓜开始时，每隔2~3天采摘1次，到达结瓜盛期后，晴天每天采摘，阴雨天2~3天采摘1次，结瓜后期应适当推迟采摘间隔时间并及早疏除无望成形和畸形的幼瓜，用挂秧的方法增加后期产量。

【提示】 采收最好在早晨进行，原因：一是早晨棚内湿度大，果实鲜嫩，品质好；二是夜间瓜增重较快。采收时要轻拿轻放，及时摘掉畸形瓜，防止漏瓜。

第二节 黄瓜塑料大棚早春茬栽培技术

春季塑料大棚黄瓜栽培（图6-5），是在早春季节利用塑料大棚保护地设施进行黄瓜生产，可比露地栽培提早上市30多天，其市场行情好，经济效益高，所以这是黄瓜周年生产中不可缺少的一茬，对缓解4~5月蔬菜淡季供应、丰富蔬菜市场起着重要作用。

图6-5 春季塑料大棚黄瓜栽培

一 品种选择

适于早春茬大棚栽培的黄瓜应具备以下特点：一是适应性强，大棚黄瓜前期外界气温低，而晴天白天棚内温度升高很快，棚内温度变化迅速，品种需有一定的耐低温能力和抗病能力。二是品种早熟性好，越早上市，经济效益越高。三要符合销往地的消费习惯，商品性好。目前生产上使用较好的品种有津优1号、津研4号、中农12号、津春2号、春丰2号、绿园1号等。

二 培育壮苗

1. 适期播种和定植

以山东寿光为例，大棚早春茬黄瓜一般在12月下旬~第二年1

月中下旬播种。其苗龄一般为45天左右，定植后约35天开始采收。从播种到采收需历时80天左右，即4月前后采收，“五一”左右进入盛果期。

2. 育苗

一般选用津优1号、津春2号、新泰密刺等优良品种，于12月下旬～第二年1月中下旬阳畦或温床育苗，详见黄瓜育苗技术一章。

三 整地、施肥、作畦

头年秋作物收获后，实行冬季晾垡。在定植前1个月左右扣棚，以提高地温。如果有前茬，应提前7～10天灭茬腾地，并于棚内进行消毒杀菌。定植前5～7天，结合整地每亩施腐熟的有机肥2500～5000kg、磷酸二铵30kg和磷酸钾20kg左右作底肥。6～8m跨度的大棚，棚两边各留15～20cm，按110cm放线，做成沟宽30cm、畦面宽80cm、高20cm的小高畦，畦面中央挖一深7～8cm、宽20cm的地沟，以备后期大量需水时，从畦面中间沟浇水，然后盖地膜升温。

四 定植

2月初～3月初定植。待棚内10cm地温稳定在10℃以上，选“冷尾暖头”晴天上午定植。定植大行距64cm，小行距46cm，株距33cm，地膜覆盖。定植时将地膜剪成“十”字口，挖穴浇足水，趁水未干时把去钵苗放入，稍加围土，使苗土表面与畦面持平或稍高畦面封好土。

【提示】 定植时注意以下几点：①栽苗时大苗在棚的四周，小苗在棚的中间。②减少伤根。③钵苗轻拿轻放，放入定植穴后，不能用力压土钵，防止土钵裂开伤根。④埋土不能太深，要达到覆土后土钵与畦面相平。

五 定植后的管理

1. 温度管理

定植后到心叶开始生长这段时间为缓苗期，一般5～7天。此期间要密闭大棚进行保温，一般白天控制温度达28～32℃，夜间以13～20℃为宜。

1）早春温度低，塑料大棚的保温性能有限，可于大棚内设置小拱棚、保温帘膜等多层覆盖设施，四周围盖草苫等，增强保温性。

2）随外界气温持续回升，棚内白天的气温应适当控制，即达到30℃时开始通风，并且通风口要逐渐加大。此时棚内气温以30℃为宜，最高不超过32℃，下午要尽量延长通风时间直至日落后，甚至前半夜还要通风。

3）棚外最低气温稳定在13℃以上时，棚内可彻夜通风，早晨太阳出来后要及时关闭通风口，使棚内气温尽快上升到25℃以上，当棚内温度达到28～30℃时打开通风口。

4）4月中旬以后，外界气温渐高，当棚内气温达到32℃以上时开始通风，中午维持1～2h的30℃高温，以利于棚内降湿。下午当温度降至20℃时，及时关闭通风口，保持夜间最低气温在13℃以上。

【提示】 在通风降温、排湿换气需打开通风口时，勿使冷空气直接吹向植株，以免突然受冷萎蔫，影响植株的生长发育。通风量应随着外界气温的升高，逐渐加大。

2. 中耕松土

1）浇定植水后，当土壤稍干时，可掀开地膜，进行第一次中耕，主要是破土晾墒，耕时宜浅，不要触动土坨。

2）浇缓苗水后进行第二次中耕，此次中耕要适当深一些，以增加土壤的通透性，要把土拍碎，但也不能动土坨，中耕深度可达10cm左右。

3）第三次中耕可以在插架或吊绳前进行，此次中耕可结合培垄和整理畦面进行。

3. 肥水管理

早春茬大棚黄瓜栽培在管理上可采用“大水大肥高温促”的办法促瓜早上市。

（1）浇水 定植后7天左右，选晴天的上午浇缓苗水。早春茬黄瓜栽培的前期棚内温度较低，不宜浇水过多，否则不利于地温回升。

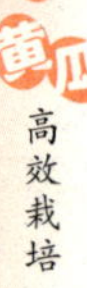

浇过缓苗水后，每隔9天左右浇1次水，前两次水量宜小不宜大，做到水不上垄，每次浇水后行间方便操作时进行中耕。

【栽培禁忌】早春季节大棚内浇水要注意在晴天的上午进行，中午进行通风排湿，不宜在阴雨天浇水。

进入5月，气温、地温升高，此时黄瓜也进入盛瓜期，可每隔5~7天浇1次水。浇水量可掌握一大一小交替进行，大水要带肥浇。

6月外界气温较高，植株茂盛，蒸腾量大，要注意小水勤浇，一般3~4天浇1次水。

7月外界气温高，植株已进入生长后期，一般每2天浇1次水。盛瓜期均是每隔1~2次水要追1次肥。后期由于主蔓已经老化，要注意留侧蔓，以侧蔓结瓜和回头瓜为主。管理上还应注意雨天盖好棚膜，勿让雨水淋入大棚，引发病害。

（2）追肥 大棚黄瓜追肥一般结合浇水进行。根据黄瓜的需肥特点，生长前期追肥可以稀粪、沼液等有机肥为主。生长后期则以追施速效化肥为主，顺水冲施，但每次施用量不宜过多，一般每亩每次可施硫酸铵、磷酸二铵或尿素10~15kg，一般浇2次清水追1次肥料，最好是将有机肥与化肥交替使用。生长后期可追施叶面微肥、尿素或磷酸二氢钾等，可防植株早衰，促进养分转运，施用量一般为0.2%~0.3%，切忌浓度过高产生肥害。也可喷施0.5%白糖或葡萄糖溶液进行补糖，具有较为明显的增产效果，瓜的商品性提高。

【栽培禁忌】大棚黄瓜根外追肥，不可喷施碳酸氢铵溶液，以免氨气挥发伤害瓜秧或叶片。此外，叶面追肥宜在晴天上午进行，午间及时放风排湿。

4. 植株调整

1）植株伸蔓时开始插架或吊蔓。一般插单行篱笆架，既有利于通风透光，也便于绑蔓和管理，瓜条也顺直。目前生产大棚内多采用吊绳（吊蔓）栽培，可于植株的上部和下部分别横向拉一道铅丝或铁丝，每株黄瓜吊 1 根尼龙绳或专用吊蔓绳，并将吊绳上、下端固定于铅丝上。

【提示】 绑蔓时勿伤害叶片，应将叶片均匀铺在架上，以防互相遮光，影响光合作用，减少产量。

2）随着植株的生长进行绑蔓时，要注意及时绑头道蔓。为使各植株“龙头”整齐，可采用“S”形绑蔓方法，即对高植株的蔓打弯再绑。但不能横绑，更不能倒绑，否则会导致化瓜。棚室栽培黄瓜一般为主蔓结瓜类型，植株 10 片叶以下的侧枝均要打掉，10 片叶以上的侧枝可在瓜胎前留 1 ~2 叶摘心。同时将侧蔓赘芽、雄花、卷须去掉。对下部开始失去功能的老叶、病叶要及时打掉并落蔓，有利于改善大棚内的光照条件。当植株爬至架顶后，要予以摘心，促发回头瓜。吊蔓栽培多采用单干整枝方式，使主蔓结瓜，随植株高度增加应及时落蔓，保持植株高度基本一致，有利于生产操作。

5. 病虫害防治

早春茬大棚黄瓜栽培常发生的虫害主要有温室白粉虱、美洲斑潜蝇和瓜蚜等。病害主要有白粉病、病毒病、霜霉病、细菌性角斑病、灰霉病、枯萎病等。具体防治措施见第九章。

六 采收

春黄瓜大棚栽培以早熟为主要目的，提高前期产量是关键。因此，根瓜应适当早收，以利于后续瓜条快速生长发育。特别是全雌系品种常连续多条瓜同时膨大，养分争夺尤为激烈，而此时植株叶面积极为有限，难以满足营养物质向所有果实均匀分配，极易化瓜。适当采收嫩瓜可促进其他幼瓜生长，采摘间隔时间相对缩短效果较好。早春季节瓜条生长缓慢，在开花后 15 ~18 天进入采收期，此时 4 ~5 天采收 1 次即可。入春以后气温缓慢回升，可 2 ~3 天采收 1 次。3 ~4 月，进入结果盛期 1 ~2 天即须采收 1 次。应仔细检查，以免采收过晚，影响品质。采收宜在清晨进行，此时瓜条鲜嫩，水分充足，黄瓜体温较低，适合运输，品质也好。总之，适时采收可使黄瓜衰老进程延缓，有利于丰产。

第三节 黄瓜塑料大棚秋延后栽培技术

塑料大棚黄瓜秋延后栽培是指7月上旬~8月上旬播种，7月下旬~8月下旬定植，9月上旬~11月下旬供应市场，与日光温室秋冬茬黄瓜衔接的栽培形式。此时进入秋季冷凉季节，夏秋露地黄瓜生产已基本结束，可利用大棚的保温防霜作用，使黄瓜在蔬菜淡季上市，以延长供应期，实现黄瓜周年供应。

秋延后大棚黄瓜的播种期、幼苗期处在高温、多雨、强光季节。进入结瓜期后，温度逐渐下降，其栽培季节和外界条件与黄瓜在自然条件下生长所要求的环境条件基本相反，因此其品种、栽培管理措施与大棚黄瓜春提早栽培不同。

一 品种选择

黄瓜秋冬季市场规律，一般是上市越晚，经济效益越高，所以应选择中后期产量高的品种。同时黄瓜秋延迟栽培中、前期温度高，后期温度低，所以选用的品种要求耐热、抗寒、生长势强、抗病力强、耐储运。常用品种有津优1号、津杂2号、津研4号、津研7号、中农11号等。

二 适时播种、育苗

以山东寿光为例，大棚秋延后黄瓜一般在7月上旬~8月上旬播种，7月下旬~8月下旬定植。该茬黄瓜是为延后供应而栽培的，一般播种后35~45天开始采收。

1. 干籽直播

生产上可采用扣棚直播方式，每亩用种量200~250g。播后大棚四周打开通风，只留顶部薄膜遮阴防雨。具体播法：行距60cm，株距20~30cm，按行距开沟，沟深3~4cm，浇足底墒水，随浇随播，一般不用浸种催芽，隔7~8cm点播2~3粒干籽，播后覆土1.5cm，形成鱼脊背并稍加镇压。上面可覆盖麦秸、稻草等遮阴、保湿、降温。一般播后3~4天即拱土出苗。1周内确保齐苗后进行第一次间苗，待第一片真叶长出后进行第二次间苗，长至3~4片真叶即可按株距定棵。直播易造成缺苗现象，可在清晨或傍晚采用移栽补苗的办法保证全苗，补苗时浇足水。

2. 育苗移栽

虽然直播省时省事，但苗子分散，管理不便，且秋季多阴雨，易感染病害。而育苗移栽便于集中管理和遮雨、遮阴等，所育秧苗健壮，根系发达，节省用种。因此目前多以育苗为主。

育苗移栽的育苗畦可建在塑料大棚、温室内，利用原来的旧塑料薄膜遮雨、遮阴，以降低苗床温度和光照强度，并防止大雨拍苗。如果在露地育苗，则应在苗床上搭建小拱棚，上扣旧塑料薄膜或覆盖遮阳网，以遮光、挡雨、降温，抑制病毒病等病害的发生流行。育苗畦每公顷施腐熟的有机肥30000kg，浅翻15cm耙平，做成宽1～1.2m的平畦或小高畦。播前种子先浸种催芽。苗床灌足水，水渗下后，用长刀按10cm×10cm的株行距划成方块。然后在每方块中央点1粒种子，上覆细土2cm。幼苗在2叶1心即可定植，每亩用种量150～200g。苗期通过控水防止幼苗徒长，确需浇水的应在早晨和傍晚进行。

3. 苗期管理

由于秋延后栽培育苗期正值初秋高温、多雨季节，管理上应注意适当降温，降低光照强度，保持湿度，防止大雨拍苗，中耕除草，防止徒长等问题。同时黄瓜幼苗在高温、长日照条件下，影响雌花花芽的分化，导致雌花节位高，数量少，影响产量。可于幼苗1.5～2片真叶展开时，喷施100mg/kg乙烯利抑制幼苗徒长，促进雌花形成，7天后再喷1次。乙烯利释放出的乙烯可促进雌花分化，增加雌花数量，提高产量。使用时要注意浓度不要过大，且须在苗期使用。通过塑料薄膜加盖遮阳网遮光降温，可使光照强度减弱50%左右。育苗畦四周应大通风，勤灌水。灌水应在早晚进行，小水勤浇，保持土壤湿润。每5～7天中耕除草1次，保持土壤疏松，及时消灭杂草。

【小窍门】>>>>

黄瓜苗期常见的病害有猝倒病和立枯病。发病后可用25%甲霜灵可湿性粉剂，或50%的多菌灵可湿性粉剂，或95%的噁霉灵可湿性粉剂防治。

三 整地、定苗或定植

前茬作物收获后，及时清除前茬上的残株落叶，拔除杂草，结合整地每亩施5000kg腐熟的有机肥、磷酸二铵或氮磷钾复合肥50kg及过磷酸钙100kg为底肥。再用50%多菌灵粉剂每亩15kg进行土壤消毒。深翻，耙平，肥土均匀混合，做成1.2m宽的平畦，畦高15cm，沟深20~25cm，种植两行。定植前半月左右，扣膜大棚用硫黄粉进行1次熏蒸消毒。定植时苗坨按株行距摆入定植沟中，培土稳坨，土坨与地面相平，不宜过深，然后灌水。定植时间宜选择在早上或傍晚进行。

合理密植是秋延迟丰产的重要措施之一。不同品种对密度要求不同，过密影响通风透光，植株易感染病害和徒长；过稀则不能充分利用土地，影响产量。由于该茬生长期短，后期生长缓慢，密度应稍大些。一般每亩5000株左右，株行距以（20~25）cm×(50~60)cm为宜。直播黄瓜出苗或移栽后立即细致松土。真叶展开后间苗，2片真叶时定苗。发现缺苗、病苗、畸形苗、弱苗时，应挖密处的健苗补栽。

四 定植后田间管理

1. 温、湿度管理

结瓜前塑料大棚内的温度较高，管理应以防热散热为主，宜把大棚四围的塑料薄膜全部揭开，只留顶部的塑料薄膜，进行大通风，以降低温度。尽量使棚内的温度保持在白天25~28℃，夜间13~17℃。及时中耕松土，透气保墒，促根系生长。

【提示】 注意夜间留通风口散湿，以防叶片结露，导致病虫害的发生。

9月中下旬~10月中下旬进入结瓜盛期。此期外界温度逐渐降低，通过调节通风口的大小，使棚内温度白天保持在25~29℃，夜间控制在13~17℃。当外界夜温低于13℃时，要关闭通风口；为降低湿度防止叶片结露，减轻霜霉病等病害发生，夜间温度在15℃以上时棚膜上可留一条10cm宽的小缝通风。10月中下旬后，外界气温开始急剧下降，此期应做好防霜防冻保温工作。要充分利用晴朗的天气，使大棚内白天温度提高到26~30℃，夜间扣严塑料薄膜，保证夜温最低在12℃以上。到了11月，随着外界温度降低，棚内的温度也越来越低，须采取多种措施保持棚内温度，逐渐减少放风量，当室内夜温降至10℃左右时，棚膜上夜间开始加盖草苫。

结瓜后期，为了延长黄瓜生育期，可将绑缚物解除，去掉支架，使黄瓜落秧，均匀盘放于地面，插上小拱棚，夜间在小拱棚上再加盖草苫保温，防止冻害。结瓜后期至拉秧期间要逐渐减少通风时间，仅在中午温度较高时进行短时间通风散湿，以减少病虫害的发生。

2. 肥水管理

秋延后黄瓜大棚栽培适时浇水和追肥非常重要。黄瓜定植后，此时高温多雨，为防止小苗徒长，浇1次缓苗水即可。结果前应控制灌水，适当蹲苗，不追肥。保持土壤见干见湿，可防止植株徒长，促进开花坐瓜。在插架前结合浇水可进行1次追肥，每亩施腐熟的人粪尿500kg，然后插架。进入盛瓜期后肥水要充足，以满足黄瓜生长发育的需求。可根据土壤墒情每3~5天灌1次水，每10~15天追1次肥，每次每亩施入尿素10kg或磷酸二铵15kg或氮磷钾三元复合肥20kg，随水施肥，共追2~3次。10月下旬后，气温急剧降低，黄瓜生长速度减缓，所需肥水量相应减少，此时应减少浇水次数，降低棚内湿度。一般每月浇2~3次水即可，不旱不浇。后期也可叶面喷施0.2%尿素、叶面宝或0.2%的磷酸二氢钾，防止植株早衰。

【提示】 遇连阴天、光照弱时，可用0.1%硼酸溶液喷洒，有防止化瓜的作用。

3. 植株调整

秋延后大棚黄瓜定植后应及时中耕除草，在坐瓜前可中耕2~3次，疏松土壤，促根系发育，同时减少灌水次数，控制植株徒长，当根瓜坐住后可不再中耕。秋延后栽培的黄瓜早期长势旺，坐瓜节位高，要及时插架绑蔓或吊蔓并及时整枝。当蔓长至30cm左右时开始绑蔓或吊蔓。第一次瓜蔓直立绑于架上，瓜蔓生长旺盛时，可左右弯曲绑架，弯曲度与松紧度视瓜秧的长势而定。如果秧旺坐瓜少时，弯曲度要大，且要绑紧。绑蔓时摘除雄花和卷须。秋延迟栽培品种易生侧蔓，可利用侧蔓增加后期产量。盛果期侧蔓如果有雌花，可在其上留两叶摘心。而侧蔓太多、瓜蔓太密时，无雌花的侧蔓应全部摘除。黄瓜结瓜后，植株的营养生长受到控制，因此要设法争取第一批花多坐瓜。如果第一批花坐瓜少，则易导致疯长。当植株长到25片叶，龙头接近棚顶时要及时打顶摘心，促回头瓜生长。吊蔓栽培则应根据瓜秧高度及时落蔓，以改善群体光照条件，方便农事操作。结瓜后期及时摘除下面的老叶、病叶、黄叶、畸形瓜，以减少养分消耗，增强通风透光，促上部结瓜，瓜条顺直。

【小窍门】>>>>

使用保果素蘸花、喷花，可使黄瓜多坐瓜，且能保住瓜，促进小花迅速膨大。另外采用熊蜂授粉效果也不错。

4. 病虫害防治

秋延后大棚黄瓜栽培的主要虫害有红蜘蛛、蚜虫等。病害主要有黄瓜病毒病、霜霉病、白粉病等。病虫害的防治措施具体见第九章。

五 采收

此茬口宜看秧采瓜，根瓜早采，以免坠秧。秋延后大棚栽培黄瓜的采收期处在温光条件对黄瓜生育有利的时期，但最佳环境条件时间短，应充分利用这段时间加强管理，以提高采收频次，获得高产。结瓜前期环境温度适合黄瓜生长，最好每天采收1次，或隔天采收。结瓜盛期每天采收1次，以促上部结瓜，减少畸形瓜率。结瓜后期，外界温度降低，光照变差，黄瓜生长缓慢，此时要尽可能推迟采收，并及时疏除过密瓜码，减少养分消耗，提高其商品性。通过调查市场行情，确定采瓜后是否储藏。秋延后黄瓜一般天越冷价格越高，此时可将采下的瓜进行短期储藏，通常可利用塑料保鲜袋或土炕进行保鲜，一般可存放10~20天上市。植株上最后的1~2条瓜在不受冻的前提下，可尽量晚采，以吊秧保鲜，活体储存。

第四节　黄瓜日光温室秋冬茬栽培技术

日光温室黄瓜秋冬茬栽培是衔接大棚秋延后和日光温室黄瓜冬春茬生产的茬口安排，是北方黄瓜周年供应的重要环节，目的是实现黄瓜的反季节生产和供应淡季市场，栽培效益较高（图6-6）。华北地区秋冬茬黄瓜一般在8月中下旬到9月上旬播种育苗，9月中下旬定植，10月中旬开始采收，元旦后拉秧。如果设施保温条件好或暖冬年份也可延长至春节前后拉秧。

图6-6　日光温室黄瓜秋冬茬栽培

该茬黄瓜幼苗时期处在高温季节，生长中后期转入低温期，光照也逐渐变弱。所经历的环境条件与冬春茬黄瓜恰好相反，所以在栽培技术上不同于冬春茬黄瓜。

一　品种选择

该茬黄瓜苗期处在炎热多雨季节，生长后期又遇低温、弱光季节。因此要选择既要耐高温，又要耐低温、长势强、适应性好的抗病品种，中晚熟，强调中、后期产量。如绿宁3号、园丰3号、津优5号、津优20号等。

二　播种育苗

1. 催芽

秋冬茬黄瓜苗龄25天左右，为确保一次播种保全苗，以采用营养钵育苗为好。播种前晒种1天，55℃温水浸种，不断搅拌，直至水温降至30℃为止，继续浸种6～8h，在28～30℃条件下浸种催芽，一般经过18h左右即可出芽（图6-7）。

2. 播种

播种前用配制好的营养土（腐熟的马粪、猪粪50%，肥沃的大田土50%），装8分钵，播前浇足钵水，把露尖黄瓜芽横摆在营养钵

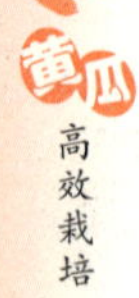

中央，轻轻按一下，覆1cm左右的营养土（图6-8），钵土保持湿润，温度控制在25～30℃，3～4天出齐苗。

图6-7 浸种催芽

图6-8 营养钵育苗

三 苗期管理

1. 温度管理

出苗前控制气温白天28～32℃，夜间18～20℃，出苗后到第一片真叶展开气温控制在上午25～28℃，下午20～28℃，夜间15～20℃。当气温过高，光照过强时，中午利用遮阳网遮阴，夜间苗床通大风，以降低夜温。定植前保持温度白天20～25℃，夜间15～20℃。

2. 湿度管理

播种时浇1次透水。一般性缺水，可向苗根部培土，暂时解决，严重缺水时可在早晚浇透，并注意防止雨淋，通风排湿。

四 定植

1. 定植前的准备

定植前5天对温室进行彻底消毒，处理前先清洁前茬作物的剩余物，将残株、病叶、病果等焚烧或深埋，同时将棚室内的杂草清除干净。此后闷棚，可用硫黄熏蒸法将残余病原体彻底杀灭。

黄瓜是喜肥作物，黄瓜的产量和抗病能力与基肥施用数量和质量有密切关系。温室高产栽培要求每亩施优质肥总量为10000kg，化肥每亩用量为磷酸二铵50～100kg，饼肥200～300kg，草木灰150kg。基肥以普施和沟施相结合，2/3的肥料撒施，人工深翻两遍，深度为30～40cm，剩余的1/3肥料定植时沟施。

2. 定植

秋冬茬黄瓜进入冬季后，温光条件逐渐变差，若种植过密，会相互遮阴，容易早衰，影响产量。因此，定植密度不能太大，可行宽窄行种植，宽行 80cm，窄行 50cm，株距 28～32cm，每亩栽植 3500 株左右。在定植前 1～2 天向苗床浇小水 1 次，以利苗坨不散。起垄栽培，垄上开深为 10cm 的沟，然后栽苗浇水，水渗后封土，土坨一定要与土壤紧密接触，不能有空隙。

【提示】 定植时温室通风口、底脚要全部打开，防止温度过高烧苗，定植宜在下午或阴天进行。

五 定植后管理

1. 温、湿度管理

秋冬茬黄瓜的管理应着重利用前期适宜的温、光条件养好秧，为后期高产打下基础。9 月中下旬黄瓜定植后气温下降较快，应尽早扣棚防早霜危害。扣膜后室内温度升高，湿度加大，须及时放风，保持棚内合理的温、湿度。一般晴天白天保持在 25～30℃，夜间 13～15℃，阴天白天保持在 20～22℃，夜间 10～13℃，昼夜温差 10℃以上。随着外界气温的下降，要逐渐减少放风量。当外界温度不能满足上述温度指标时，北方地区一般从 10 月中旬开始加盖草苫。

为降低棚内的空气湿度，可将大小行间全部覆盖地膜。及时放风控温，降湿，增加棚内二氧化碳含量。每次浇水打药后均要加强通风。放风时间的长短和放风量的大小根据天气情况合理掌握。

【提示】 为控制温度刚开始可以只放 1/3 草苫，随着外界温度的下降，逐渐加大到 1/2、2/3，最后将草苫全部放下，并逐渐延长覆盖时间。

2. 肥水管理

该茬前期气温高，光照时间长，肥水供应要及时，以促瓜秧生

长。定植后9~10天再浇1次缓苗水。根瓜坐稳后进行第一次追肥，每亩追施尿素15kg；以后每隔5天浇1次小水，10天追1次化肥。11月下旬后节制肥水，以免因地温低、根系吸收力弱、连续阴天等因素诱发沤根现象。生产上可于叶面喷施0.2%磷酸二氢钾等进行根外追肥。

3. 植株调整

（1）吊绳、缠蔓 黄瓜秧长至30cm左右，要及时吊蔓。具体做法是：在定植黄瓜南北垄的上端拉一道铁丝，下端系到黄瓜苗上，拴成活结，松紧适当，以便将来落蔓，把吊绳上端固定在铁丝上，同时将蔓引到吊绳上。绑蔓时把长得高的植株弯曲缠绕，使龙头处在南低北高的斜线上（图6-9）。

图6-9 吊绳、缠蔓

（2）整枝 缓苗后的黄瓜生长迅速，每长出一节就要缠一次蔓，在缠蔓的同时还要及时摘除雄花、卷须以及化瓜、弯瓜、畸形瓜等。棚室黄瓜以主蔓结瓜为主，侧枝应全部疏除。但黄瓜吊蔓前，侧枝疏除不能过早，否则容易影响黄瓜长势。可在侧枝长到5~8cm时将其疏除，黄瓜吊蔓后，主蔓上萌发的侧芽要随时疏除。在密度较小或枝叶不够繁茂的情况下可保留5节以上的侧枝，结一条瓜，并在瓜前留2片叶摘心，收完瓜后打掉侧枝。12月上中旬进入结瓜后期，可适期打顶，促进多结回头瓜。

（3）落蔓 当植株长至180~190cm高度接近钢丝时，要进行落蔓（图6-10）。解开下部活结，把茎蔓落下30cm左右，落到150cm

高度即可，以保证植株有足够的功能叶供应植株的正常生长，再将吊绳系好（图6-11）。落蔓前及时将植株最下部2～3片老叶疏除，以减少营养消耗，减少病菌侵染。正常情况下，每株至少应保持14～16片功能叶。

图6-10 落蔓

图6-11 吊绳下部活结

【注意】 黄瓜整蔓要选择在晴天进行，阴雨天操作若损伤茎蔓伤口干燥不及时，易感染病害。

4. 人工授粉

黄瓜为雌雄同株异花授粉作物，大田栽培可借虫媒授粉。温室栽培黄瓜多为单性结实类型，不经授粉也可坐瓜。但在劳动力较为便宜的地区进行人工授粉或熊蜂授粉，瓜条膨瓜速度和长势更佳。可在每天上午9:00～10:00，取当日开放的雄花去除花瓣，露出雄蕾，对准当日开放的雌花柱头轻轻涂抹，每朵雄花可授2～3朵雌花。

在一些地区的大棚黄瓜生产中，用植物生长调节剂蘸瓜胎已经成为大棚黄瓜生产中的一项重要措施（图6-12），蘸瓜后的黄瓜果实发育快，瓜条顺直，收获后黄瓜顶花，可提高其商品性（图6-13）。蘸花所用的药剂主要是用细胞分裂素类、生长素类植物生长调节剂外加一些化学药物配成。由于目前还没有对抹药蔬菜进行相关的检测和试验，因此食用蘸瓜胎黄瓜是否会对人体造成一定伤害，目前还没有定论。

图 6-12 蘸瓜胎

图 6-13 蘸过瓜胎的黄瓜

5. 病虫害防治

由于温室内温度高，湿度大，有利于病虫害的发生与蔓延，所以应采取预防为主，综合防治的方针预防病虫害。秋季要深翻土壤，消灭病虫害；播前要用药剂对种子和土壤进行处理，大棚内要严格消毒；培育壮苗；降低大棚内的湿度；加强药剂预防，尽量降低病虫害造成的损失。病虫害前期主要以霜霉病、白粉病、炭疽病为主，后期多发细菌性角斑病和疫病等。药剂防治可以喷雾法和烟熏法交替进行。

六 采收

采摘黄瓜一般应在浇水后的上午进行。采收黄瓜不单是收获果实，同时要尽可能地提高经济效益，因此要做到三看。

（1）一看植株生长状况 根瓜应适当早采，若植株弱小，可及早疏掉根瓜。采腰瓜和顶瓜时，植株已长成，功能叶片较多，宜在瓜条长足时再采。一条瓜要不要摘，要看采瓜后对瓜秧的影响，如果瓜秧长势旺盛，这条瓜上部不易结瓜，则这条瓜应推迟几天采收。反之，如果瓜秧长势弱，则瓜可提前采收，总之，通过采瓜促进植株营养生长和生殖生长协调是重要的技术措施之一。

（2）二看市场行情 秋冬茬黄瓜一般天越冷价格越高。为促秧生长，待价格高时提高产量，前期瓜多时可人为地疏去一部分小瓜，11 月天气好时，可适当多采瓜，12 月后光照少，气温低，生长慢，摘瓜宜轻，尽量保持一部分生长正常的瓜条延后采收。

（3）三看采瓜后是否要储藏 该茬瓜采收前期，由于露地秋延后和大棚秋延后黄瓜还有一定上市量，如果这时候上市，势必会影响价格，降低收入，为了延迟上市，赶上好行情，可将采摘的瓜进行短期储藏。

第五节 黄瓜日光温室越冬茬栽培技术

越冬茬是日光温室黄瓜栽培的主要茬口，这茬黄瓜栽培一般在 9 月中下旬 ~ 10 月上旬播种，10 月中下旬 ~ 11 月上中旬定植，12 月上中旬开始收获，第二年 5 ~ 6 月拉秧。该茬黄瓜是在一年中温度最低的时候开始供应市场，因此生产难度最大，技术要求也最高，同时效益也比较好。由于越冬茬黄瓜生长处在一年中温度最低的时期，因此要想获得高产，管理就必须要以增温、降湿和延长光照时间为重点，以防治病虫害为中心，最大限度地满足植株在各个生育期生长所需的环境条件，才能实现良好的经济效益。越冬茬黄瓜栽培技术要点如下。

一 品种选择

选用耐低温、耐弱光，雌花节位低，单性结实能力强，前期产量高，品质好，总产量高的优良品种。寿光地区越冬茬黄瓜生产经常选用的有刺、无刺品种有丰冠 1 号、春夏王、津青、新星 1 号、世纪星、寒秀等。

二 培育壮苗

1. 适期播种和定植

寿光越冬茬黄瓜一般在 9 月下旬 ~ 10 月上旬播种，10 月下旬 ~ 11 月上中旬定植。

2. 育苗

参考秋冬茬黄瓜催芽播种技术。这茬黄瓜的育苗期由于天气寒冷，容易造成幼苗根系生长不良、沤根、烂根和死苗，所以育苗要利用电热线或远红外电热膜来提高温度。在没有电源的地方，可以建酿热温床。育苗期还要加强多层覆盖保温措施，如在温室内拉保温帘膜、扣小棚等。

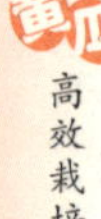

【小窍门】>>>>

冬季气温低，黄瓜苗期易沤根，应合理控制浇水，播种出苗至嫁接前以及嫁接成活后至定植前均应适当控水。

3. 嫁接育苗

嫁接育苗既能保持接穗的优良性状，又能通过发挥砧木对土传病虫害的抗性，克服土壤连作障碍，同时砧木根系发达、吸收或代谢能力强，具有较强耐寒性，从而使嫁接苗的抗病、抗逆性增强，产量增加，嫁接育苗是越冬茬黄瓜高产的关键技术措施之一。寿光地区黄瓜嫁接砧木主要采用美国、日本或我国的云南黑籽南瓜，近年来白籽南瓜因其亲和力好、抗病性强而得到更多应用。嫁接方法多采用靠接法，当嫁接苗长出 4 ~ 5 片真叶，苗高 13 ~ 14cm，苗龄 30 ~ 40 天时即可定植。具体嫁接育苗技术参照第三章黄瓜育苗技术。

【提示】 嫁接后发现砧木发生新芽要及时去掉，期间加强苗床管理，及时浇水喷药，防止病虫害的发生。

定植前 10 ~ 15 天扣塑料薄膜。扣棚后及时整地，浇水造墒后进行高温闷棚，以杀灭棚内及土壤中的虫、卵及病菌，闷棚 4 ~ 5 天后通风散湿。

【提示】 扣棚时要选用质量好的无滴膜，使水珠顺膜流下，可提高膜透光率，降低棚内湿度，减少病害发生。

日光温室越冬茬黄瓜生长期长，需肥量大，定植前要施足基肥（图 6-14）。基肥应重施有机肥，一般每亩施充分发酵腐熟有机肥 10000kg，2/3 用于普施，其余 1/3 整畦后集中施于定植沟内。基肥除有机肥外，还需沟施尿素 10kg、过磷酸钙 40kg、硫酸钾 10kg 或复合肥 100kg。

定植密度一般每亩 3000 ~ 3500 株，起垄定植，地膜覆盖，膜下暗灌。双高垄规格为垄高 15cm，垄宽 30cm，小垄间距 20cm，大垄间距40cm。另一种定植方法为高畦宽窄行定植，大行距80cm，小行距40cm，株距30cm左右（图6-15、图6-16和图6-17）。

图6-14　撒施基肥

图6-15　开定植沟

图6-16　定植后覆盖地膜

图6-17　引苗出膜

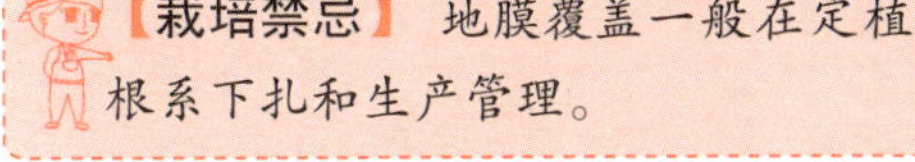

【栽培禁忌】　地膜覆盖一般在定植缓苗后进行，有利于前期根系下扎和生产管理。

三　定植后管理

1. 缓苗期管理

定植至缓苗期棚内宜保持较高温度促发根系和植株生长。白天日出后早揭苫，使棚室内温度保持在28～30℃，午间温度超过30℃，应通小风，午后及时关通风口。下午适当早盖草苫，保持夜温15～18℃。根据缓苗情况，中午前后盖花苫，防止秧苗萎蔫。定植3～4天缓苗后，逐渐早揭、晚盖草苫，上午温度到24℃时，开始通小风

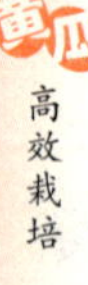

排湿，午间逐渐加大通风量，下午适当延迟关闭通风时间。

2. 缓苗至坐瓜初期管理

此期指缓苗后至12月上中旬，这个阶段的生产管理重点是促根系发育，形成强壮营养体；促进花芽分化，增加雌花数量坐住瓜，保障茎叶组织充实，植株旺盛不徒长。生产管理上注意协调好光照、水分和温度三方面的关系，主要措施如下。

（1）光照管理 通过调节早揭晚盖草苫等不透明覆盖物、棚膜除尘、棚内后墙张挂反光幕、人工补光、光质调整等措施，争取每天8~10h光照，提高透光率。此期采取的主要农艺措施包括花期叶面喷施叶面微肥，及时吊蔓、引蔓、绑蔓，结合通风进行气体调控，以最大限度提高光合效能。引蔓宜在下午进行，防止绑蔓时折断。如果遇不良天气，要及时拉苫，尽量争取室内散射光照和弱光照，久阴乍晴注意“回苫”或“盖花苫”，防止闪秧死棵。

（2）温度和湿度管理 通过覆盖保温、通风降温等措施，使棚内温度白天保持在24~28℃，夜间14~18℃，昼夜温差以8~10℃为宜。在地膜覆盖条件下，减少浇水，使瓜垄湿度保持在最大田间持水量的70%~80%。

（3）加强病虫害防治 及时预防蚜虫、白粉虱，霜霉病、白粉病等病虫害。

3. 结瓜期的前、中期管理

此期时间为12月中下旬~第二年4月下旬。黄瓜的生育特点为营养生长和生殖生长均进入最旺阶段，光合作用强盛，产瓜量占总产量的70%以上，但经济效益占总收益的90%以上。生产管理重点是增加室内光照，适当增加昼夜温差，及时供应充足水肥和防治病虫害，具体措施如下。

（1）温度管理 通过适时揭盖草苫、多层覆盖、清洁棚膜、加厚防寒沟覆土等措施提高温室温度。保持棚内气温（12月~第二年1月）参考指标为：晴天棚内晨时气温揭苫前8~10℃，上午11:00为16~24℃，中午前后为28~32℃，下午24~28℃，上半夜18~20℃，下半夜12~16℃，凌晨最低温度10℃。

（2）光照管理 此期黄瓜的光合作用进入旺盛时期，生产上应采取多种措施增加光照时间和透光率，如适时放盖草苫（放盖草苫后 4h 测定棚内气温不低于 18℃，以不高于 20℃为宜），增加见光时间，张挂反光幕，保持透明覆盖物清洁，及时落蔓、吊蔓、绕茎、顺叶等。打老叶、去除侧枝和卷须应在晴天上午进行，有利于伤口快速愈合，减少病菌侵染。落蔓前摘除下部老叶，注意不要折断茎蔓。

（3）水肥管理 摘收黄瓜后每间隔 10～15 天浇水 1 次，结合浇水每亩冲施尿素和磷酸二氢钾各 5～6kg 或优质冲施肥 10kg 左右。进入产瓜盛期，每亩冲施速溶复合肥 8～10kg，叶面喷施光合微（菌）肥或叶面肥 1～2 次防止叶片早衰。有条件的地区还可在晴天上午 9:00～11:30 追施二氧化碳气肥。具体浇水时间应根据天气、土壤墒情、植株长势来确定，并把握好浇水时机，选择连续晴天上午膜下浇温水，宜小水勤浇。浇水前喷杀菌剂，浇水后几天及时通风散湿。

【提示】 冬季黄瓜浇水应选择晴天上午进行，避免傍晚和连阴天浇水，以免增加空气湿度，引起病虫害的发生和蔓延。

（4）加强病虫害防治 此期虫害仍为蚜虫和白粉虱，病害主要是白粉病、霜霉病、灰霉病、疫病、细菌性角斑病、枯萎病、菌核病等。管理上应加强预防，如采用粉尘剂、烟雾剂熏蒸防治效果较好。

（5）其他管理 及时去除卷须，疏花疏果、适时采瓜，预防化瓜或花打顶。采收的原则为根瓜及早采收，结瓜初期 2～3 天采收 1 次，结瓜盛期 1～2 天采收 1 次。

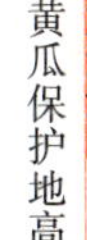

4. 结瓜后期管理

黄瓜结瓜后期一般指 5 月上旬～6 月上旬，此期的生育特点是生殖生长占主导地位，营养生长逐渐衰弱。管理的主攻方向为防止植株早衰，增加后期产量，减轻品质下降。主要技术措施如下。

（1）温度管理 从 3 月上旬～5 月中旬室内温度控制在上午 16～28℃，中午前后 28～32℃，下午 24～28℃，上半夜 18～22℃，下半夜 14～18℃，从中午短时通风逐步过渡到全日通风。4 月中下旬后逐步揭除草苫，撩起前棚膜，使棚内温度与外界温度基本相同。

（2）光照管理 及时进行落蔓等植株调整，改善株间光照条件。落蔓时每株保留功能叶 20～30 片，叶片均匀分布在离地面 10～150cm 的空间内。绑蔓适当弯曲成“S”形，使落下的秧蔓均匀有规律地盘绕在地面。

（3）肥水管理 一般 7～8 天浇水追肥 1 次，以尿素、硫酸钾等氮肥、钾肥为主，根据植株长势用量约为前中期用量的 1/2 左右冲施，同时叶面喷施含有微量元素和氨基酸的叶面肥，以延长叶片功能期。

（4）加强后期病虫害防治 病虫害诊断与防治参见第九章。

5. 二氧化碳气体施肥技术

二氧化碳是植物进行光合作用的主要原料。大气中的二氧化碳含量约为 300mg/kg，而黄瓜在满足其生长所需的光照、温度、水肥等条件下，空气中二氧化碳含量达到 1000mg/kg 时产量最高。因此，自然空气中的二氧化碳含量达不到黄瓜高产的要求，而冬季大棚内通风较少，一天内二氧化碳含量变化较大。日出前由于大棚密闭，黄瓜本身呼吸作用释放的二氧化碳和土壤微生物分解释放的二氧化碳可使棚内的二氧化碳含量达到 800mg/kg 左右。日出后黄瓜开始进行光合作用，棚内的二氧化碳含量急剧下降，含量下降到 250mg/kg 时影响黄瓜光合作用的正常进行。因此，冬季棚内施用二氧化碳气肥有助于黄瓜高产。实践证明，温室黄瓜施用二氧化碳后叶片肥厚、生长繁茂、植株健壮、雌花增加、结瓜多，可增产 20%～30%，且具有抑制霜霉病等病害作用。目前生产上多采用硫酸加碳酸氢铵产生二氧化碳和硫酸铵的方法，来补充棚内二氧化碳的不足。应用时可根据大棚内空间大小和预计需要补充的二氧化碳，按下列公式计算碳酸氢铵和硫酸的需要量。每日所需碳酸氢铵（g）= 保护地空间体积（m^3）× 施用二氧化碳（mg/kg）× 0.0036（每立方米发生 1mg/kg 二氧化碳所需碳酸氢铵克数）。每日所需硫酸（g）= 每日所需碳酸氢铵克数 ×0.62（1g 碳酸氢铵需要与 0.62g 比重为 1.84 的硫酸反应）。在黄瓜定植缓苗后开始施用，施用时间是在日出后 1h 左右，用完密闭大棚 2h 后再放风，阴雨天停施。

【注意】 黄瓜产量与叶片光合作用直接相关，叶片光合作用受棚室温度、光照、二氧化碳浓度等多种环境因素影响，单一因素改善未必能显著增产。因此，采取二氧化碳施肥技术应在本地棚室内先行试验，确有增产效果后再推广。

四 采收

根瓜尽早采收，以免坠秧。前期连阴天或低温时间较长时，可适当早采，以防植株衰弱或患病。采摘时要掌握幼瓜坐住时，再摘商品瓜的原则，避免空秧。连阴天将中等以上的瓜条全部采收掉，以减少养分向瓜条上的输送，保证植株正常消耗所需。

第六节 黄瓜日光温室冬春茬栽培技术

日光温室冬春茬栽培一般在每年的 12 月下旬 ~1 月上旬播种，采用嫁接育苗，2 月中旬定植，3 月上中旬开始采收，7 月上旬拉秧。这一茬对冬暖式大棚的防寒保温能力和黄瓜耐低温能力要求较高，同时要求黄瓜不早衰、抗病能力强。

一 选择品种

适合日光温室冬春茬栽培的黄瓜品种应具有耐低温、早熟、雌花节位低、高产、品质好、抗病性强等优点，常用的品种有津优 2 号、津绿 3 号、津优 30 号、中农 5 号、中农 12 号等。

二 培育壮苗

本茬黄瓜育苗正值一年中最寒冷的季节，幼苗生长发育所需的条件与环境条件有较大差异，因此必须通过各种技术措施创造幼苗生长发育所需的环境条件。育苗床一般设置在日光温室中，上扣小拱棚。播种、嫁接及苗期的温、水、光调节等可参考黄瓜育苗技术一章。

三 定植

结合整地亩施充分腐熟的优质农家肥 10000kg，沟施复合肥 50kg、硫酸钾 20kg。定植时间在大寒和立冬之间，起垄栽培，垄宽

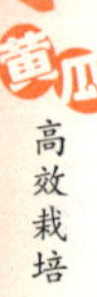

100cm，垄高15cm，垄距50cm，垄面中间开20cm宽暗沟，垄面覆膜。定植时使苗坨与垄面相平，定植密度3500株/亩，株距25cm，按穴浇足定植水，如图6-18、图6-19所示。

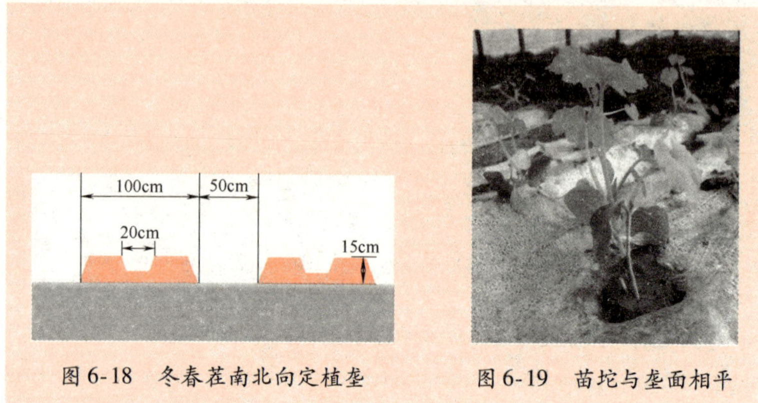

图6-18 冬春茬南北向定植垄

图6-19 苗坨与垄面相平

四 定植后管理

1. 定植到采收前管理

白天地温保持在18~20℃之间，气温控制在28~30℃之间，最低不低于13℃，超过23℃时放风，下午气温降到18℃时及时盖苫，前半夜气温控制在15~18℃，后半夜控制在11~13℃。第一茬黄瓜采收前应控制浇水，及时吊蔓、整枝。植株调整技术与秋冬茬栽培技术相同。

2. 结果期管理

进入结果期以后，植株的营养生长和生殖生长并进，管理上应控制好水、肥、气、热等环境因子，尽量延长结果期。生产上宜采用“四段”变温管理和生态防病技术：①日出前轻度放风排湿，日出后到午前控制放风，使室内温度迅速升高到28~30℃。②温度超过32℃时放风，上午尽可能维持高温4~5h，而后加大放风量，将温度降至18~22℃，有利于光合作物的分配。③前半夜保持棚内温度为14~17℃，促进光合产物的转运。④后半夜到第二次凌晨保持较低的温度达10~13℃，以抑制呼吸消耗。植株水肥管理技术参照越冬茬栽培技术。

五 采收

正常情况下花后 10 天开始采瓜，冬季或早春气温低、光照弱，瓜条约需发育 15 天采瓜，阴雪天 20 天才能采瓜。

第七节 棚室黄瓜连作障碍克服技术

重茬病害（又称连作病害）是指因同一作物在同一地块长期耕种所带来的病害，包括因连作而导致土壤营养物质不平衡等原因引起的生理性病害以及因病原菌发生严重而导致的病理性病害，一般瓜类作物连作 3 年以上即发生严重连作障碍。黄瓜为不耐连作作物，但棚室黄瓜生产因设施的固定性和栽培的高效性需经常连作，多者一年连作 2 ~3 茬，常年连作导致黄瓜病理性和生理性病害多发，产量和品质下降。尤其土传病害枯萎病的发生易造成瓜类作物的大面积受害，甚至全田死亡。因此，在黄瓜棚室栽培上应采取多种技术措施克服重茬病害，以确保持续增产增收。

一 黄瓜重茬病害的产生原因

（1）病原微生物传播和积累 连作土壤中土传性病原菌积累较多，特别是枯萎病病菌等病源物的积累，容易发生病害。

（2）土壤矿物营养元素缺乏 黄瓜连作对土壤氮、磷、钾等营养元素的不均衡消耗，易造成土壤必需矿物质营养含量降低和失去平衡，致使植株正常的生长发育因矿质营养缺乏受到影响。

（3）土壤理化性质改变 常年连作可改变土壤耕层结构，造成土壤板结，酸化、盐渍化加重，土壤的理化性状恶化不利于作物根系的正常生长。

（4）作物自毒作用 前茬黄瓜作物残茬腐解物有利于病原微生物的生长和繁殖，从而加重了重茬病理性病害的发生和危害。此外，前茬瓜类根系某些分泌物具有自毒性，能够抑制作物自身的生长。

二 棚室黄瓜重茬综合防控技术

1. 农业措施

（1）选用抗性品种 常用的抗病黄瓜品种有津优系列品种等，

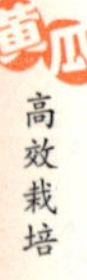

具体品种选择应根据当地市场及生产经验判断。

（2）嫁接育苗 黄瓜嫁接育苗是克服重茬病害，提高其低温耐性的关键措施之一。一般采用与当地主栽黄瓜品种亲和力强的白籽南瓜等作砧木。具体嫁接方法参照育苗技术一章。

（3）轮作换茬 黄瓜忌连作，生产应尽量与非瓜类作物轮作。棚室栽培越夏茬黄瓜栽培效益相对低的情况下，可考虑与糯玉米、甜玉米等禾本科经济作物轮作，栽培效益良好。

（4）适当深耕 深耕宜打破犁地层，耕深25cm以上。生产上宜冬前深耕，若结合进行冬灌效果更好。

（5）配方施肥 在测土基础上根据黄瓜的养分需求规律合理配方施肥，适当增施中微量元素。硼、锌、锰、铁、钙等微量元素的补给是解决重茬栽培土壤矿物质营养含量降低和失去平衡的重要手段。

（6）增施有机肥 有机肥肥效缓慢，但养分全面，在黄瓜生产上提倡重施有机肥。一般地力可每亩施优质圈肥8000～10000kg或鸡粪3000～5000kg（鸡粪须用辛硫磷喷拌，农膜覆盖堆放7天）或实行小麦、玉米或油菜秸秆等作物秸秆还田。秸秆还田可以有效改善土壤理化性状，减缓土壤次生盐渍化，增加土壤保肥蓄水能力，还能起到强化微生物相克的作用，对防治和抑制有害菌效果很好。有条件的地区还可推广应用秸秆发酵堆技术。

（7）精细管理 田间管理上应科学浇水，通风排湿，合理温度管理，采用高垄覆膜，膜下暗灌技术以及合理整枝，及时摘除病叶、病果，清除杂草等。

（8）推广有机生态型无土（有机基质无土）**栽培模式** 该栽培模式的显著特点在于植株生长发育完全与土壤隔离。有机基质无土栽培技术在棚室黄瓜生产上应用，能成功地排除黄瓜种植不宜连作生产的障碍。

2. 物理防治

（1）物理防虫 夏季利用防虫网防虫和遮阳网遮阳、降温，根据昆虫的趋黄性、趋蓝性和趋光性等特点，可在棚室内悬挂黄板、蓝板或黑光灯等诱杀成虫，以减轻病虫害传播的途径。

（2）高温闷棚 定植前高温闷棚对霜霉病、白粉病、疫病等主要病害病原菌有很好的杀灭作用。方法是：选晴天上午浇水后闭棚，待棚温达46～48℃后，持续2h，之后开始慢慢打开风口，闷棚后应加强水肥管理。

3. 化学防治

（1）种子处理 对可能带菌的种子必须进行消毒。播种前，先将种子在冷水中预浸3～4h，然后在55℃温水中浸15min；或在50℃温水中浸30min，再放入冷水中冷却，晾干后拌入微肥进行播种；或采用50%多菌灵可湿性粉剂和50%福美双可湿性粉剂各1份，加泥粉3份，混匀后，用种子重量的0.1%拌种，拌药时加入微肥。详细的种子消毒方法参见黄瓜育苗技术一章。

（2）幼苗蘸根 瓜苗定植前用30%噁霉灵600～800倍液蘸根。

（3）育苗基质消毒 已消毒育苗基质无须处理，育苗营养土则需播前消毒，具体方法参见黄瓜育苗技术一章。

（4）棚室消毒 可用45%百菌清烟剂、霜脲·锰锌烟剂或噁霜·锰锌烟剂250～350g/亩，傍晚闭棚后均匀点燃，第二天早晨放风排烟以杀灭病菌，每7～10天熏烟1次，连熏2～3次。也可在闷棚后采用10%敌敌畏烟熏剂、15%吡·敌畏烟熏剂、10%灭蚜烟熏剂或10%氰戊菊酯烟熏剂等300～500g/亩灭杀虫害，每7～10天熏烟1次，连熏2～3次。

（5）土壤处理 定植起垄前，对棚内土壤和棚面用30%噁霉灵2000倍液或50%多菌灵500倍液加辛硫磷800倍液喷洒地表和棚面，进行杀菌灭虫。或者每亩穴施50%多菌灵3～4kg，并与土拌匀。

（6）病虫害综合防治 棚室连作黄瓜生育期间病虫害防治应坚持“预防为主、综合防治”的植保方针，具体方法参照黄瓜病虫害诊断与防治一章。

4. 生物防治

（1）天敌防虫 可利用有益天敌草蛉、丽蚜小蜂、捕食螨等防治多种虫害。

（2）选用抗重茬剂 黄瓜田常用抗重茬剂有重茬1号、重茬EB、重茬灵、抗击重茬、CM亿安神力、泰宝抗茬宁及“沃益多”生物菌剂等。部分抗重茬剂用法见表6-1。

表 6-1　黄瓜常用抗重茬剂作用特点与施用技术

名　称	剂　型	作用特点	施用方法
重茬 1 号	微生物菌剂，集氮、磷、钾、微量元素活化为一体	抑制病菌，抗病害；活化养分，营养全面；疏松土壤，改善土壤环境；促根壮苗，提质增产	①拌种：种子清水浸湿，捞出控干后，将药剂撒在种子上拌匀，阴干后播种。②药剂拌土或拌肥，均匀撒于种子沟或全田撒施。③灌根：药剂用水稀释后，将喷雾器去喷嘴灌根或随水冲施
重茬 EB	纯生物制剂	含多种有益微生物，可疏松土壤，活化养分；抑制有害病菌抗重茬，提高作物免疫力，使黄瓜少发或不发重茬病	每亩用 2kg 与细土拌匀后撒施
重茬灵	生物叶面肥	内含多种有益活性菌群、脂类、糖类、抗生素及植物生长促进物质，兼有营养、抗病双重功效，一般能增产 30%	每亩用 100mL 兑水稀释成 800～1000 倍液叶面喷施，每 7～15 天喷 1 次，共喷 2～4 次。喷雾要均匀，以叶面有水滴为度
“沃益多”生物菌剂	纯生物制剂	产生多种活性酶类，可作用于根系，刺激根系分泌抗生素等大量代谢物和次生代谢物；可有效干扰根结线虫、真菌和细菌等土传病虫害的正常代谢；调节土壤 pH 趋于中性；有利于土壤团粒结构形成和植物自身抗病机制增强	施用前，加沃益多营养液激活 3 天，用水稀释至 30kg，加适量甲壳素诱导。伸蔓期和坐瓜期随水冲施或喷雾器去喷嘴灌根
抗击重茬	含微量元素型多功能微生物菌剂	活化土壤，改良品质；抑菌灭菌，解毒促生；平衡施肥，提高肥效；增强抗逆，助长促产	可作种肥或追肥，每亩用量 1～2kg

（续）

名　　称	剂　　型	作用特点	施用方法
泰宝抗茬宁	生物制剂	可杀菌抑菌，提高肥料利用率，调节土壤 pH，疏松土壤防板结，促进根系发育等	可用 0.25% 的药剂拌种、50:1 土药混拌撒施或药剂 500 倍液灌根或冲施
CM 亿安神力	复合微生物制剂	可改善土壤理化性质，抑菌杀虫，提高作物光合作用等	①蘸根、浸种：用 100mL 亿安神力菌液加水 3L（30 倍稀释）逐株蘸根，即蘸即栽。瓜种浸种则需 2～8h。②用药剂 500 倍液灌根

第七章
黄瓜的有机高效栽培技术

一 有机产品概述

随着人们生活水平的提高，对有机蔬菜的需求越来越大，而有机蔬菜栽培的难点是如何利用有机栽培技术和病虫害的综合防治技术实现有机高产。目前我国生物农药成本较高，药效相对差是制约有机蔬菜发展的主要因素之一。因此，只有在有机蔬菜栽培上多下功夫，才能提高有机蔬菜的产量和经济效益，满足人们日益增长的消费要求。

有机产品是一种国际通称，是从英文 Organic Food 直译过来的。这里所说的“有机”不是化学上的概念，而是指一种有机的耕作和加工方式。有机产品是指按照这种方式生产和加工的产品符合国际或国家有机产品要求和标准，并通过国家认证机构认证的一切农副产品及其加工品，包括粮食、蔬菜、水果、奶制品、禽畜产品、蜂蜜、水产品、调料等。除有机产品外，国际上还把一些派生的产品如有机化妆品、纺织品、林产品或为有机产品生产而提供的生产资料，包括生物农药、有机肥料等，经认证后统称为有机产品（有机产品标志如图 7-1 所示）。

图 7-1　中国有机产品标志

二 环境要求

根据国家最新的关于有机产品标准的要求，有机蔬菜生产基地应远离城区、工矿区、交通主干线、工业污染源、生活垃圾场等，土壤环境符合二级标准，农田灌溉用水水质符合 V 类标准，环境空气质量标准要求达到二级标准。如果有机生产区域邻近常规生产区，则应在有机和常规生产区域之间设置缓冲带或物理隔离物，保证有机生产地块不受污染和防止邻近常规地块使用的化学物质的漂移。有机蔬菜生产基地的转换期为2～3 年，转换期内按照有机蔬菜生产标准生产。有机黄瓜栽培土壤环境质量标准、农田灌溉水标准、大气污染物含量限值见表 7-1～表 7-3。

表 7-1　土壤环境质量标准值　（单位：mg/kg）

级　别	一　级	二　级			三　级
土壤 pH	自然背景	<6.5	6.5～7.5	>7.5	>6.5
项目					
镉≤	0.20	0.30	0.60	1.0	
汞≤	0.15	0.30	0.50	1.0	1.5
砷水田≤	15	30	25	20	30
砷旱地≤	15	40	30	25	40
铜农田≤	35	50	100	100	400
铜果园≤	—	150	200	200	400
铅≤	35	250	300	350	500
铬水田≤	90	250	300	350	400
铬旱地≤	90	150	200	250	300
锌≤	100	200	250	300	500
镍≤	40	40	50	60	200
六六六≤	0.05	0.50			1.0
滴滴涕≤	0.05	0.50			1.0

注：① 重金属（铬主要是三价）和砷均按元素量计，适用于阳离子交换量>5cmol(+)/kg 的土壤，若阳离子交换量≤5cmol(+)/kg，其标准值为表内数值的半数。

② 六六六为四种异构体总量，滴滴涕为四种衍生物总量。

③ 水旱轮作地的土壤环境质量标准，砷采用水田值，铬采用旱地值。

表 7-2　农田灌溉水质标准

序　号	项　　目	水　　作	旱　　作	蔬　　菜
1	生化需氧量/(mg/L)≤	80	150	80
2	化学需氧量/(mg/L)≤	200	300	150
3	悬浮物/(mg/L)≤	150	200	100
4	阴离子表面活性剂/(mg/L)≤	5.0	8.0	5.0
5	凯氏氮≤	12	30	30
6	总磷(以P计)/(mg/L)≤	5.0	10	10
7	水温/℃≤	35	35	35
8	pH	5.5~8.5	5.5~8.5	5.5~8.5
9	全盐量/(mg/L)≤	1000(非盐碱土地区)，2000(盐碱土地区)，有条件的地区可以适当放宽	1000(非盐碱土地区)，2000(盐碱土地区)，有条件的地区可以适当放宽	1000(非盐碱土地区)，2000(盐碱土地区)，有条件的地区可以适当放宽
10	氯化物/(mg/L)≤	250	250	250
11	硫化物/(mg/L)≤	1.0	1.0	1.0
12	总汞/(mg/L)≤	0.001	0.001	0.001
13	总镉/(mg/L)≤	0.005	0.005	0.005
14	总砷/(mg/L)≤	0.05	0.1	0.05
15	铬(六价)/(mg/L)≤	0.1	0.1	0.1
16	总铅/(mg/L)≤	0.1	0.1	0.1
17	总铜/(mg/L)≤	1.0	1.0	1.0
18	总锌/(mg/L)≤	2.0	2.0	2.0
19	总硒/(mg/L)≤	0.02	0.02	0.02

（续）

序 号	项 目	水 作	旱 作	蔬 菜
20	氟化物/(mg/L)≤	2.0(高氟区) 3.0(一般地区)	2.0(高氟区) 3.0(一般地区)	2.0(高氟区) 3.0(一般地区)
21	氰化物/(mg/L)≤	0.5	0.5	0.5
22	石油类/(mg/L)≤	5.0	1.0	1.0
23	挥发酚/(mg/L)≤	1.0	1.0	1.0
24	苯/(mg/L)≤	2.5	2.5	2.5
25	三氯乙醛/(mg/L)≤	1.0	0.5	0.5
26	丙烯醛/(mg/L)≤	0.5	0.5	0.5
27	硼/(mg/L)≤	1.0(对硼敏感作物，如马铃薯、笋瓜、韭菜、洋葱、柑橘等)；2.0(对硼耐受性作物，如小麦、玉米、青椒、小白菜、葱等)；3.0(对硼耐受性强的作物，如水稻、萝卜、油菜、甘蓝等)	1.0(对硼敏感作物，如马铃薯、笋瓜、韭菜、洋葱、柑橘等)；2.0(对硼耐受性作物，如小麦、玉米、青椒、小白菜、葱等)；3.0(对硼耐受性强的作物，如水稻、萝卜、油菜、甘蓝等)	1.0(对硼敏感作物，如马铃薯、笋瓜、韭菜、洋葱、柑橘等)；2.0(对硼耐受性作物，如小麦、玉米、青椒、小白菜、葱等)；3.0(对硼耐受性强的作物，如水稻、萝卜、油菜、甘蓝等)
28	粪大肠菌群数/(个/L)≤	10000	10000	10000
29	蛔虫卵数/(个/L)≤	2	2	2

表 7-3 GB 3095—2012 大气中各项污染物的浓度限值

污染物名称	平均时间	浓度限值		浓度单位
		一级	二级	
二氧化硫	年平均	60	60	μg/m³
	24h 平均	50	150	
	1h 平均	150	500	
二氧化氮	年平均	40	40	
	24h 平均	80	80	
	1h 平均	200	200	

（续）

污染物名称	平 均 时 间	浓度限值		浓度单位
		一级	二级	
一氧化碳	24h 平均	4	4	mg/m³
	1h 平均	10	10	
臭氧	日最大 8h 平均	100	160	μg/m³
	1h 平均	160	200	
颗粒物（粒径≤10μm）	年平均	40	70	
	24h 平均	50	150	
颗粒物（粒径≤2.5μm）	年平均	15	35	
	24h 平均	35	75	
总悬浮颗粒物	年平均	80	200	
	24h 平均	120	300	
氮氧化物	年平均	50	50	
	24h 平均	100	100	
	1h 平均	250	250	
铅	年平均	0.5	0.5	
	季平均	1	1	
苯并芘	年平均	0.001	0.001	
	24h 平均	0.0025	0.0025	

三 栽培技术

1. 栽培季节

以秋冬茬有机黄瓜为例，黄瓜冬季栽培一般是指每年的 9 月上旬～11 月上旬播种，10 月上旬～11 月下旬定植，11 月上旬～第二年 3 月下旬采收，一般每亩产量 3000～6000kg。这期间的黄瓜主要供应元旦和春节市场，如果管理较好，产量较高，可以取得较好的经济效益。

2. 选择优良品种

有机黄瓜的种子或种苗必须符合 3 个基本要求：一是不具有基因工程生成的转基因成分；二是不采用禁用的物质进行处理；三是

具有较强的抗病虫害性。在有机蔬菜生产中应选择已获认证的有机蔬菜种子或种苗。但种植初始阶段如果未购买到已获认证的有机蔬菜种子或种苗，则可选用未经禁用物质处理过的常规种子。此外，还应选择抗病虫性强、抗逆性强，单性结实好且适宜当地土壤和季节种植的黄瓜品种。

3. 播种育苗

（1）种子处理 每亩需黄瓜种子100～125g，育苗畦40～50m²。将黄瓜种子用55℃的温水浸种，边浸种边搅拌至室温，再浸泡4～6h，然后洗干净，沥干水分，用干净的纱布或毛巾包裹。把包好的种子先放在25～30℃环境下催芽，当胚根将出时再降至20～25℃，经过2～3天即可出齐，用于播种。

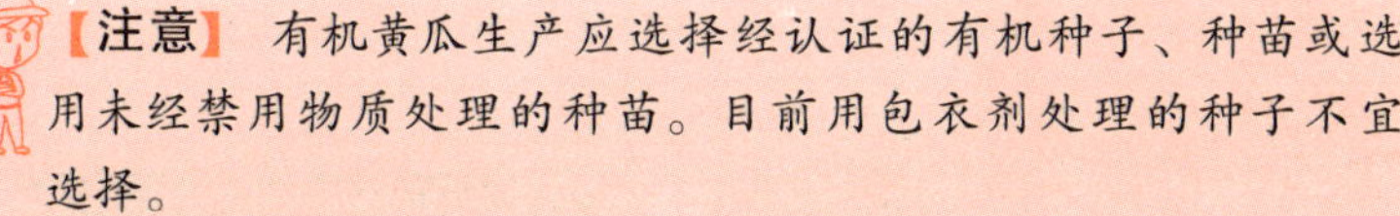

【注意】 有机黄瓜生产应选择经认证的有机种子、种苗或选用未经禁用物质处理的种苗。目前用包衣剂处理的种子不宜选择。

（2）播种方法

1）营养钵育苗：营养土采用园田土2份，腐熟的有机肥1份，混合均匀。播种前浇透水，每个营养钵播1粒种子，再覆盖1.5～2cm厚的营养土。

2）温室苗床育苗：温室苗床夏季要经过充分的翻晒，消灭细菌和虫卵。育苗前施入过筛的腐熟有机肥，做好育苗畦，浇透水，水渗下去后，撒上一层细土，厚为2～3mm，然后点播黄瓜籽，株距、行距均为3cm，盖上1.5～2cm高的小土堆。当全畦盖满后，再撒上一层土，厚为2～3mm。

（3）苗期管理 从播种到幼苗出土期间宜提高室温和地温，促进幼苗出土。白天室温28℃左右，夜间20～24℃，夜间最低温度18℃。当种子有80%出土到定植前可适当放风降温，白天20～24℃，夜间18℃左右，最低16℃左右。定植前3～4天加大通风和降温，进行炼苗。

（4）壮苗标准 2～3叶1心，茎秆粗壮，节间短，叶色深绿而有光泽，根系发达，无病虫害。秋冬茬黄瓜苗龄一般25～30天。

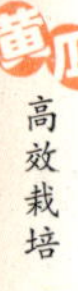

4. 整地施肥

定植前每亩施用有机肥 5000～10000kg，然后做成畦宽为 1.4～1.5m 的南北向高畦。10 月初定植的，畦高 15cm 左右；11 月初定植的，畦高 15～20cm；12 月初定植的，畦高 20～25cm。

有机蔬菜生产所用肥料主要是有机肥料，包括动物的粪便、植物沤制肥、绿肥、草木灰、饼肥、沼肥等，另外还包括有机认证机构认证的有机专用肥和部分微生物肥料。

（1）肥料无害化处理 有机肥在施用前 2 个月需进行无害化处理，方法有 2 个：一是将肥料泼水拌湿堆积，用塑料膜覆盖，使其充分腐熟，发酵温度在 60℃以上，可有效杀灭农家肥中的病虫草害，且处理后的肥料易被蔬菜吸收利用。二是利用沼气池将秸秆等有机物放进沼气池发酵，将沼液或沼渣作有机肥料（图 7-2、图 7-3）。

图 7-2 沼液过滤装置

图 7-3 沼渣储存发酵池

（2）肥料施用方法 有机蔬菜种植的土地在施用肥料时应做到种菜与培肥地力同步进行，施用动物粪便与植物沤制肥的比例以 1∶1 为宜。将施肥总量的 80% 用作基肥。将肥料均匀施入耕作层内。结合整地施腐熟有机肥或生物堆肥 3000～5000kg/亩。有条件的可施用有机复合肥作种肥，用量为 100kg/亩。移栽或播种前沟施或穴施，施肥深度以 5～10cm 为宜。

5. 定植

选择优质壮苗定植，淘汰弱小苗、畸形苗和病苗。幼苗要露坨浅栽，株距 28～30cm，每畦栽 2 行，每亩栽 3500～4000 株。

6. 水分管理

从定植到根瓜开始膨大阶段应合理进行水分运筹，浇水量不宜过大或过少。水量过大，间隔时间过短，易引发植株徒长或沤根；反之，水小，间隔时间长，则易造成植株矮小或花打顶。

具体浇水方法：幼苗定植后及时浇稳苗水，3～4 天后，幼苗开始生长，可再浇 1 次较大的催根水。两水过后，幼苗新叶继续生长，即可中耕，然后进入蹲苗。蹲苗时间的长短与品种有关，一般掌握在 5～10 天。黄瓜植株抽出六七片真叶，生长点以下的两片真叶呈深绿色而有光泽，根瓜胎显现，即可结束蹲苗，开始浇水，促进植株的生长和根瓜的膨大。

从根瓜采收后到顶瓜采收期，浇水的原则是每次浇水量要均匀，不可忽大忽小，以免长成畸形瓜，一般每隔 4～6 天浇一水，畦面要见干见湿，持续浇至大部分顶瓜采收完。顶瓜采收后减少浇水量，适当延长浇水间隔时间，并中耕松土，促新根发生。当回头瓜生长膨大时，应注意提高室温，每隔 4～5 天浇一水，直至拉秧为止。

7. 合理追肥

黄瓜开始追肥的时间和次数应当考虑土壤肥力和基肥的质量、数量，一般在根瓜采收后开始追肥。追肥的原则是少量多次，一清一浊。追肥以液态有机肥为好，如沼液肥，也可结合浇水培土等进行土壤追肥，主要是施用人粪尿及生物肥等。还可在生长旺季叶面喷施生物有机叶面肥，每 7～10 天喷 1 次，连喷 2～3 次。

8. 温度和湿度管理

（1）温度控制 北方地区黄瓜温室生产应着重加强防寒保温，管理原则是：9 月上旬～12 月上旬早揭晚盖；12 月上旬～第二年 1 月下旬晚揭晚盖。棚内夜间温度降至 10℃以下时，有条件的地区可采用远红外电热膜进行辅助加温，生产期内棚内最低温度不可低于 5℃。具体温度调控指标见表 7-4。

黄瓜从定植到拉秧，总的来讲是以促为主，促中有控，昼夜保持一定温差。在定植期和结瓜期温度要稍高，蹲苗期和顶瓜采收后温度要稍低，特别是要降低夜温，以利于根、秧协调生长和养分转运。

表 7-4　温室黄瓜冬季栽培的温室要求　（单位：℃）

时　期	上午气温	下午气温	上半夜气温	下半夜气温
定植至蹲苗	25～32	23～28	18～22	15～20
蹲苗期	23～28	18～23	15～20	12～15
结瓜期	25～30	20～25	15～20	12～15
回头瓜期	25～30	20～25	15～20	12～15
阴、雪天	18～22	18～22	15～20	12～15

（2）湿度控制　温室的相对湿度一般控制在60%～80%。湿度过高，容易产生霜霉病、灰霉病；湿度过低，则利于白粉病的传播。

（3）通风换气　通风换气时要注意室温比黄瓜生长所需适温高2℃以上时开缝放风。开关放风口应随室内外气温变化，由小到大，再由大到小，先开顶缝，后开腰缝，尽量少开腰缝，这样有利于减少室外病菌的传入。

9. 植株调整

（1）搭架　当瓜秧长出6～8片叶时进行支架，也可选择银灰色塑料绳吊蔓，银灰色塑料绳不但方便而且可驱避蚜虫。当主蔓长出20～25片叶时打顶掐尖。

（2）整枝、绑蔓　为了节省养分和避免乱秧，在绑蔓的同时摘除雄花和卷须。根瓜以前的侧枝一般摘除，根瓜以后的侧枝可适当保留，促其结瓜，瓜前留1～2片叶摘心。随时摘除老弱枯黄和带病的叶片，有利于通风透光和侧枝结瓜。绑蔓要根据黄瓜植株本身及相邻植株的生长势强弱，加以区别处理，壮蔓宜绑紧些，弱蔓要绑松些，以促进生长。主蔓每长出2～3片嫩叶绑蔓1次。

10. 采收

黄瓜一般在谢花后10～14天采收，每隔1～2天采收1次。外观上看，黄瓜瓜把深绿，瓜皮有光泽，瓜上瘤刺变白，瓜顶上稍现浅绿色条纹时即可采收。

四　病虫草害防治

冬季温室黄瓜生产的主要病害有白粉病、霜霉病、灰霉病、细菌性角斑病，主要害虫有温室白粉虱、蚜虫。在病虫害防治上要坚持“预防为主、综合防治”的植保方针，以农艺措施和物理防治为主，生物防治和药剂防治为辅，创造有利于黄瓜生长，不利于病虫害发生的环境条件，控制病虫害的发生和发展，减少病虫害造成的损失。

1. 化防药剂类型

有机蔬菜种植过程中化防药剂主要包括以下几类。

（1）生物农药 是指利用生物活体或其代谢产物对害虫、病菌、杂草、鼠类等有害生物进行防治的一类农药制剂。主要包括生物化学农药（信息素、激素）和微生物农药（真菌、细菌、昆虫病毒、原生动物或经改造的微生物）两个部分，农药抗生素制剂不包括在内。

（2）无机农药 又称矿物源农药，有效成分起源于矿物的无机化合物的总称。主要有硫制剂、铜制剂、磷化物，如硫酸铜、氢氧化铜、波尔多液、石硫合剂等。而砷制剂、氟化物、磷化锌及铅、汞等重金属，虽然也属于无机农药范畴，但因其毒性较大，残留量较高，禁止在有机蔬菜上使用。

（3）有机合成农药 有机合成农药是指经人工研制、通过化学方法人工合成并商品化的一类农药，占农药品种的一大部分。其优点是药效高、作用快、防治效果好、用量少、用途广。但有害生物对其易产生抗药性，在施用后会产生残留，同时会对环境造成污染。有机合成农药中的中等毒性和低毒杀虫剂、杀螨剂、杀菌剂、除草剂中的大多数品种都可在无公害蔬菜和A级绿色食品生产上限量使用。

有机蔬菜对生产要求非常严格，禁止使用所有化学合成的农药，禁止使用经基因工程技术生产的产品。所以，有机蔬菜生产要坚持“预防为主、综合防治”的原则，主要通过农业、物理和生物措施来进行综合防治。目前可推荐和禁用的药剂如下。

1）允许使用植物源杀虫剂、杀菌剂、驱避剂和增效剂。

2）允许释放寄生性昆虫和捕食性天敌动物，如赤眼蜂、瓢虫、捕食螨、各类天敌蜘蛛及昆虫病原线虫等

3）允许在害虫捕捉器中使用昆虫性外激素，如性信息素或其他动物源、植物源引诱剂。昆虫性外激素仅用于诱捕器和散发器皿内使用。此外，还可使用物理器械，如色彩诱捕器、机械诱捕器等、覆盖物（网）等。

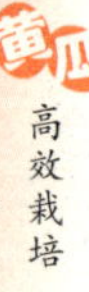

4）允许使用矿物源乳剂、植物油乳剂、硫制剂、铜制剂，包括铜盐（如硫酸铜、氢氧化铜、氧氯化铜）、石灰硫黄（多硫化钙）、波尔多液、石灰、硫黄、高锰酸钾、碳酸氢钾、碳酸氢钠、轻矿物油（石蜡油）、氯化钙、硅藻土、黏土（如斑脱土、珍珠岩、蛭石、沸石等）、硅酸盐（硅酸钠、石英）等。使用矿物质农药中的各类铜盐时，不得对土壤造成污染。

5）经专门机构批准，允许有限度地使用活体微生物农药，如真菌及真菌制剂（如白僵菌、轮枝菌）、细菌及细菌制剂（如苏云金杆菌）、病毒及病毒制剂（如颗粒体病毒等）、放线菌拮抗菌剂、昆虫病原线虫、原虫等，上述微生物均不可通过转基因手段获得。

6）允许有限度地使用农用抗生素，如用春雷霉素、多抗霉素、井冈霉素等防治真菌病害，用浏阳霉素防治螨类等。

7）允许使用的其他来源农药，如二氧化碳、氢氧化钠、乙醇、海盐和盐水、小苏打、软皂（钾肥皂）、二氧化硫、四聚乙醛制剂等。

8）禁止使用有机合成的化学杀虫剂、杀菌剂、杀螨剂、杀线虫剂、除草剂和植物生长调节剂。

9）禁止使用混配有机合成农药的动物源、植物源、矿物源、微生物源及其他来源农药的各种制剂。

2. 有机黄瓜主要病虫害的防治方法

（1）白粉病、霜霉病、灰霉病 选用抗病品种，培育无病苗、壮苗，采用地膜覆盖，降低温室湿度，合理调节温度、灌水和通风，创造有利于黄瓜生长的环境。及时清洁田园，把病残株清出室外，保持温室干净、通风透光。发病初期可用武夷菌素、0.5%大黄素甲醚水剂（卫保）、枯草芽孢杆菌（依天得）等生物农药防治，也可用47%春雷·王铜WP（加瑞农）、46.1%氢氧化铜（可杀得3000）等矿物质农药，效果较好。

（2）细菌性角斑病 选用抗病品种。种子处理，用70℃恒温箱干热灭菌72h，或50℃温水浸种20min；药剂可用72%农用硫酸链霉素可溶性粉剂4000倍液液浸种2h。植株发病初期可用72%农用硫酸链霉素可溶性粉剂1500倍液喷施。

（3）温室白粉虱、蚜虫、蓟马 培育无虫苗，温室内挂黄板、蓝板诱杀，避免与茄科和豆科作物间套作，温室内铺设银灰色地膜和挂银灰色塑料绳驱避蚜虫。为害初期可喷施云菊800～1000倍液，生物肥皂1000倍液，清源保800倍液等生物农药进行防治。释放温室白粉虱天敌丽蚜小蜂，释放蚜虫天敌瓢虫和草蛉进行生物防治（彩图5、图7-4～图7-7）。定植前可高温闷棚，温度在43～45℃，维持1.5～2h。

【提示】 蚜虫、白粉虱等有强趋黄性，而蓟马则喜蓝色。黄板、蓝板可自己制作，即将纤维板或硬纸板裁成A4纸张大小，将其涂成橙皮黄色或者蓝色，再涂上一层用10号机油加少部分黄油搅拌均匀而成的黏油，每亩约悬挂30块。害虫粘满板面后及时刮除并重涂黏油或更换。一般情况下，可5～10天重涂1次，重复使用。

图7-4　控制叶螨的捕食螨

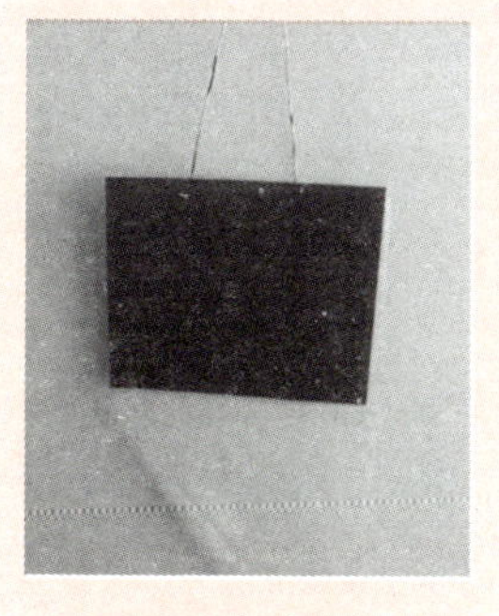

图7-5　防治蓟马的蓝板

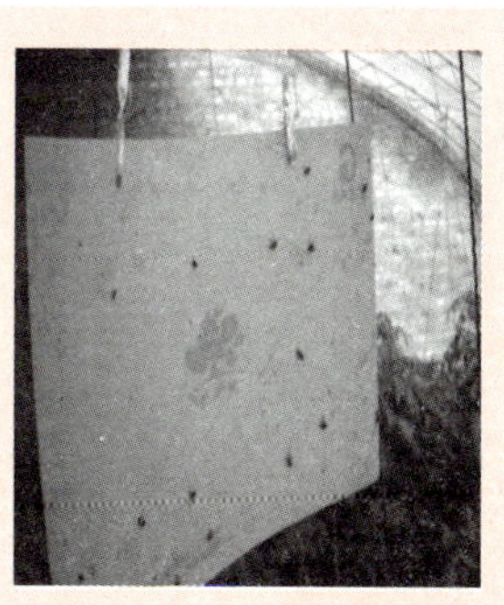

图7-6　防治蚜虫的黄板

图 7-7　防治白粉虱的丽蚜小蜂

3. 杂草防除

可采用限制杂草生长发育的栽培技术，如轮作、种绿肥、休耕等控制杂草，或使用秸秆覆盖除草。允许采用机械和电热除草，禁止使用基因工程产品和化学除草剂除草，有利于天敌生长的草类不宜清除。

第八章

黄瓜的特种栽培技术

第一节　黄瓜的无土栽培技术

无土栽培作为一种先进的种植技术在生产中应用已有数十年，具有产量高、品质好、可不用或少用农药、水肥利用率高、不受重金属或其他污染物污染、可进行半自动化生产等优点（图8-1）。黄瓜是我国无土栽培面积最大的四大蔬菜作物之一，栽培面积仅次于番茄。无土栽培黄瓜生长速度快，收获期早且集中，果皮富有光泽，果实品质好，因而深受消费者喜爱。

图8-1　黄瓜无土栽培

与世界发达国家相比，我国无土栽培技术仍处于较低水平，单位面积年产量仅为发达国家的40%。无土栽培生产管理主要凭借经验是造成我国无土栽培生产产量低、效益差的主要原因之一。无土栽培生产在产地（温室、大棚等）选择、生产技术等方面与露地生

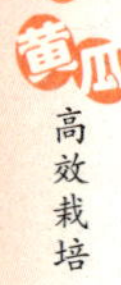

产有很大不同，现行的无公害蔬菜生产技术规程不完全适于无土栽培蔬菜生产。因此，综合最新研究成果，制定蔬菜无土栽培生产技术规程，对提高蔬菜无土栽培产量、品质和效益具有较大的推动作用。

黄瓜常见无土栽培模式有槽培、袋培、岩棉栽培等，其主要技术规程如下。

1. 产地环境

大气质量、滴灌用水质量要符合 NY 5010—2002《无公害食品 蔬菜产地环境条件》的规定，选择地势平坦开阔、土层燥实、背风向阳、无烟尘污染、水源供应充足的地块。

2. 茬口安排

一年中可安排多茬生产，典型茬口有：第一茬 8 月中旬播种，10 月上旬～第二年 2 月采收；第二茬 12 月中旬播种，2 月中旬～4 月采收；第三茬 4 月中旬播种，6 月上旬～8 月采收。

3. 品种选择

棚室无土栽培黄瓜常年处于温暖高湿或高温高湿环境，水肥供应充足，应选择抗病性强、耐热、耐弱光照、耐肥，生长旺盛，连续坐果性强，高产质优，商品性好的黄瓜品种。

4. 育苗

(1) 育苗方式 无土栽培育苗可采用穴盘育苗、营养钵育苗、营养杯育苗、种植槽育苗及岩棉块育苗（图 8-2、图 8-3）等。

图 8-2 岩棉块

图 8-3 岩棉育苗

（2）育苗基质选配 一般化学稳定性强、酸碱度接近中性、不含有毒物质的基质都可作育苗基质。以有机基质和无机基质按一定比例混合较好，可用 2 份泥炭 +1 份蛭石混合，或 2 份泥炭 +1 份珍珠岩混合，或 4 份堆沤过的锯木屑 +1 份细沙混合（图 8-4）。

（3）育苗基质、器具及场地消毒 用 40% 的甲醛原液稀释 100 倍将育苗基质均匀喷湿消毒，再用塑料薄膜将基质封盖 2 天后揭膜，待甲醛气味消失后播种；或每平方米苗床基质用 8～10g 50% 多菌灵可湿性粉剂和 8～10g 50% 福美双可湿性粉剂，稀释 100～200 倍后喷洒。育苗盘钵等器具用 2% 高锰酸钾溶液或稀释 10 倍的漂白粉液泡洗，然后用清水洗净，也可以像消毒基质那样用甲醛消毒器具。一般消毒育苗棚室可采用喷洒甲醛、硫黄烟熏或农药烟熏等办法。

图 8-4 育苗基质

（4）种子处理和催芽 用 50% 多菌灵可湿性粉剂 50 倍液或甲醛 100 倍液或 10% 磷酸三钠溶液浸种 30min，捞出后用清水洗净并置于清水中浸泡 4～6h；也可以用 55℃温水浸泡种子并不断搅拌，20min 后加入冷水将水温降至 30℃，静置浸泡 4～6h。将浸泡后的种子捞起置于 28℃条件下催芽，种子露白即可播种，包衣种子则可直接播种。

（5）播种方法 育苗基质的含水量应达其最大持水量的 85%～90%，温度 25～30℃，播种深度 1.0～1.5cm。播种时种子平放，芽朝下，穴盘育苗每穴播 1 粒种子，均匀覆盖基质；岩棉块育苗则将岩棉块紧密铺在育苗床上并用水浇湿透，将种子放在岩棉块中央孔穴中，每穴 1 粒，根芽向下，再在孔穴上覆盖一层约 1cm 厚的蛭石并喷洒少量水使蛭石湿润。播种后若阳光强烈，须用遮阳网遮阳。当有 70% 幼苗顶出时撤去遮阳网，对带帽出土的小苗要及时洒水湿润，帮助其脱帽。

（6）苗期管理

1）温度。通过拉遮阳网、开天窗放风、抽风机或湿帘降温、喷雾降温、多层覆盖保温以及人工加温等措施，调控育苗棚室温度，使幼苗期白天温度保持为25～28℃，夜间为15～18℃。

2）光照。冬、春阴雨天气以高压钠灯、LED灯等补光设施增加育苗棚室光照强度，夏、秋烈日中午适当遮光降温，维持200～600W/m^{2}光照强度。

3）水肥。幼苗出土后适当降低基质含水量，以基质最大持水量的60%～75%为宜。无土栽培是以营养液的方式供应作物水分和养分，黄瓜营养液的大量元素配方可使用仲恺农业技术学院黄瓜配方或山崎黄瓜配方，见表8-1。幼苗出土后即可浇灌黄瓜配方营养液，含量为0.2～0.3个剂量之后逐步提高营养液的浇灌浓度，至移苗前可提高到0.5～0.6个剂量。

表8-1　黄瓜营养液配方的大量元素化合物组成和含量

化合物/分子式	化合物含量/(mg/L)	元素含量/(mg/L)
螯合铁/Na_2Fe-EDTA（含Fe 14.0%）	20.0	2.8
硼酸/H_3BO_3	2.86	0.5
硫酸锰/$MnSO_4 \cdot H_2O$	1.54	0.5
硫酸锌/$ZnSO_4 \cdot 7H_2O$	0.22	0.05
硫酸铜/$CuSO_4 \cdot 5H_2O$	0.08	0.22
钼酸铵/$(NH_4)_6Mo_7O_{24} \cdot 4H_2O$	0.02	0.01

4）病虫害防治。幼苗出土子叶开展后全面喷洒1次50%多菌灵可湿性粉剂1000倍液，以防猝倒病和立枯病。在移苗前2～3天淋灌1次70%敌克松粉剂1000倍液，以防移苗后受病菌侵害。清除育苗棚室四周的杂草，安装防虫网，棚室门口设置防虫帘。斑潜蝇可用40%绿菜宝乳油1500倍液或1.8%爱福丁乳油2500倍液喷雾防治，瓜蚜可用50%抗蚜威可湿性粉剂3000倍液或用10%吡虫啉可湿性粉剂4000倍液喷雾防治。

5. 移植

（1）移植前准备　除去栽培棚室四周的杂草，清除棚室内的前茬残留物，洁净栽培环境。栽培基质及栽培设施（如种植槽、种植袋、滴管、滴头等）都要喷洒甲醛并覆盖薄膜进行严格消毒。栽培棚室进行烟熏消毒，每亩面积用80%敌敌畏乳油250g与锯末混合，再与2000～3000g硫黄粉混合，分放10个点后点燃，密闭一昼夜。

（2）栽培基质 槽培可根据本地基质资源选用木屑、椰糠、蔗渣、泥炭等有机基质与沙按体积比（3～6）：1混合，必要时可以加入适量的珍珠岩或蛭石，使复合基质容重在0.3～0.8g/m^{3}范围内，EC值小于2.6ms/cm。未经腐熟的有机基质原则上须加入占其干重0.5%～1.0%的尿素并加水充分湿透，以塑料膜覆盖堆沤腐熟后才使用。袋培基质可用单一较粗的锯木屑等有机基质。

（3）种植设施

1）槽培。水泥地板棚室的种植槽边框用砖和水泥砂浆砌成，槽底水平，槽框厚7cm，槽外宽84cm，深20cm，长度视棚室长度而定。槽框两边底部每隔2m开一直径约4.5cm的排液洞，用以排除槽内过多的营养液，洞内侧贴尼龙纱网以防基质流出槽外。两槽相距92cm，每条槽四周环绕小沟，可将槽内排出的营养液引集到棚室外的废液收集池中以免污染环境。泥地棚室则要平整地面，在地面上覆盖薄膜，再用砖在地膜上叠砌成种植槽边框，在边框内衬垫黑色薄膜即构成种植槽。槽的宽度、深度及槽间间距与上述水泥地板的种植槽相同，槽内黑膜每隔2m左右切开一道5cm宽的裂缝以便排除多余营养液，每条槽外围四周用木棍下压形成环绕种植槽的小沟，以便引集槽内排出的营养液汇流到棚室外的收集废液池中。

2）袋培。用直径35cm、长90cm的乳白色塑料袋填约20L基质形成呈扁长方形的长80cm、宽25cm、高10cm的种植袋，每袋种两株作物。两种植袋相靠平行排列于呈龟背凸起的地带形成两窄行，其四周有小水沟环绕以排废液，每个种植袋靠小水沟一侧离地面3～4cm处切开两道3cm的切口，让基质中多余的营养液流出汇集到小沟。泥地棚室袋培也要在地面覆盖薄膜，可在薄膜下用泥土垫高形成龟背形长条地带。若在平面水泥地板开展袋培，则要用砖或其他物体将种植袋垫高，以免流出废液相互污染、传播病害。

（4）种植密度

1）槽培。每槽种植两行，形成槽内窄行距、槽间宽行距，槽内行距40cm、株距40cm，槽间行距136cm，每亩种植1400～2000株。

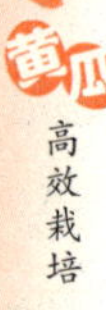

2）袋培。种植排列与槽培基本相同，即窄行与宽行相间排列。袋培株距40cm，窄行行距50cm、宽行行距125cm，每亩种植1400～2000株。

（5）移植方法

1）槽培移植。当黄瓜小苗长至2～3片真叶时进行移植，移植前先将种植槽内的基质刮平，通过滴灌系统滴入0.3个剂量的仲恺农业技术学院黄瓜配方营养液，使槽内基质湿透。按移植规格用小木棒在槽内基质按压出两行移植穴，将穴盘内的基质淋湿，把壮健、生长均一的瓜苗连带基质一同起出移植到槽内种植穴中，移植过程的关键是不要伤根，移植深度以基质面与苗坨平齐为宜。移植后淋洒定根水，使小苗四周的基质稍为沉实且与瓜苗根系紧密接触，以利瓜苗吸水、吸肥，不易倒伏。

2）袋培移植。移植方法与槽培基本相同，在每个种植袋开两个直径约10cm的种植孔，两孔中心与两端相距20cm。移植前用0.3个剂量仲恺农业技术学院黄瓜配方营养液将袋内基质湿透，然后将带基质的瓜苗定植于种植孔中，淋洒定根水。

6. 生产管理

（1）温度　缓苗期白天气温保持28～30℃，晚上保持在18℃以上；缓苗后白天25℃，前半夜15～20℃，后半夜10～15℃。根际温度保持白天18～25℃，夜间不低于15℃。

（2）光照　经常保持棚室顶部及四周覆盖材料清洁，冬、春季光照不足时应在棚室内张挂反光幕以增强光照，夏、秋季光照过强时则适当用遮阳网。

（3）湿度　缓苗期棚室内相对湿度保持80%～90%，开花结瓜期保持70%～85%。通过棚室顶部喷淋、室内喷雾、强制通风、揭边幕及开天窗等措施调节棚室内湿度。

（4）二氧化碳施肥　在冬春季节进行，日出后1h开始在棚室内实施人工补充二氧化碳，使棚室内二氧化碳含量达到800～1000mg/kg，到上午通风换气前30min停止施用。

（5）营养液管理　瓜苗定植后第二天即滴灌0.3个剂量仲恺农业技术学院黄瓜配方营养液，之后逐步提高营养液浓度；植株长出新叶后则将营养液含量提高到0.7个剂量，EC值约为1.64ms/cm，之后逐步提高到1.2个剂量；在结瓜期盛期可将营养液含量提到1.4个剂量，EC值约为3.3ms/cm。夏季气温高可适当降低营养液浓度、增加滴灌量，冬季气温低则适当提高营养液浓度。黄瓜从4~5片真叶展开到第一雌花开放、根瓜坐住期间，每株每天滴灌量约1.5L，结瓜期约2L。槽培每天滴灌2~3次，袋培3~4次，阴雨天气适当减少滴灌量，总之使基质湿度保持在其最大持水量的70%~85%范围内，每隔10~15天滴1天清水以防基质盐分积聚。

（6）植株管理

1）吊蔓、整枝。当瓜蔓长至30cm时即可用尼龙绳吊蔓。对生长势强、主蔓单性结实能力强的品种，采取单干整枝法，除去主干上侧枝和卷须，将第7节以下的雌花摘去，及时摘除畸形瓜及下部老叶，适当疏瓜，当植株长到2m以上时应落蔓以利管理。对以主蔓结瓜为主的荷兰短黄瓜，一般将第5节以下的雌花和侧枝除去，植株长到1.5m左右留侧枝，每侧枝留1瓜及2片叶。

2）采收。适时采摘根瓜，防止坠秧。及时分批采收，减轻植株负担，以确保商品瓜品质，促进后期果实膨大。

第二节　黄瓜的间作、套作栽培技术

一　黄瓜套作苦瓜高产栽培技术

苦瓜是耐热作物，病虫害相对较少。利用日光温室进行黄瓜套作苦瓜栽培模式可充分利用温室的休闲期，有助于提高温室设施的利用率。此外，苦瓜抽蔓前生长缓慢，不影响冬季黄瓜的生长，且后期也不用搭架，可利用温室拱架攀援生长（图8-5）。

图8-5　黄瓜、苦瓜套作

（1）品种选择　黄瓜选用新泰密刺作接穗，黑籽南瓜作砧木，进行嫁接育苗。苦瓜选用生长势

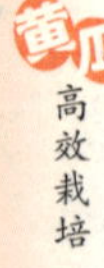

强、耐热、病虫害少的品种。

（2）育苗 黄瓜在10月15日左右播种育苗，采用断根插接的方法进行。先播种黑南瓜籽，播前在50℃温水中浸泡几分钟，然后在30℃的温水中浸种8h，将种子反复搓洗，在25℃条件下催芽，出芽后播种在苗床上。黑籽南瓜播种后3～4天播种黄瓜，当黄瓜苗高为3～4cm，子叶展开后即可嫁接。接后将嫁接苗栽植到预先准备好的苗床内，嫁接苗要精心管理。嫁接后约20天可达到定植苗龄。

苦瓜在11月10日前后播种育苗，播前把种子用60℃温水烫种15min，并不断搅动，后置于30℃温水浸泡12h，捞出后用布包好，置30℃条件下催芽，待80%的种子出芽后播种。

（3）施肥整地 定植前亩施腐熟鸡粪2000～3000kg，饼肥100kg，三元复合肥50kg，深耕30cm，整平后南北向起垄，高垄覆膜栽培，垄高10～15cm。

（4）定植 当黄瓜3～4片真叶展开时定植。按大小行栽苗，大小行距分别为80cm和50cm，株距27～30cm，每隔4行黄瓜留一行套作行，行宽1.2m，中间定植苦瓜。苦瓜在4片真叶时定植，株距40cm。

（5）田间管理

1）温度管理。黄瓜和苦瓜都是喜温作物，室内温度白天宜保持25～30℃，夜间15～18℃。采取的措施有盖苫、揭苫、通风。为了增加植株抗寒能力，可在缓苗后、开花期、幼果期各喷1次天达2116植物抗寒剂。

2）水肥管理。黄瓜浇过缓苗水后至根瓜采收初期以促根控秧为主，一般不多浇水，保持土壤绝对含水量在20%左右为宜。采瓜初期至整个结瓜盛期，浇水要多，一般10～15天浇水1次；阴雨雪天和降温天气不浇水，低温季节在上午12：00左右浇水为好，宜浇井水。苦瓜在甩蔓前忌浇大水，随着植株长成，气温逐渐升高，要逐渐加大浇水量，高温季节在早、晚浇水为好。一般每隔1次清水，随水冲施1次复合肥，每次每亩用肥量10～15kg，或冲施人粪尿、沼液肥等。

3）植株调整。苦瓜的分枝力强，主蔓上雌花的结果率随节位上升而降低，产量主要靠1～4节雌花结果。整枝原则是前期促主蔓生长，主蔓1m以下的侧蔓全部去掉，长至一定高度后留下2～3个健壮的侧蔓与主蔓一起上架，之后抽生侧蔓，有瓜者即留，并当节打顶，无瓜者从基部剪除。

4）病虫害防治。防治病害可参考第九章黄瓜病虫害诊断及综合防治技术的相关内容。

5）采收。黄瓜的采收期一般从12月底～第二年5月下旬，苦瓜的采收期从3月上旬开始到9月结束。

二 黄瓜套作平菇高产栽培技术

日光温室菌菜套作栽培是近年来应用的新的栽培方式，可显著提高经济效益。

（1）品种选择 黄瓜品种选用高产抗病力强的品种，平菇品种可选P2480等，由安阳市三官庙菌种厂提供。

（2）平菇培养基 棉籽壳94%（质量分数，下同），石膏粉2%，生石灰1.9%，过磷酸钙2%，多菌灵0.1%。料水比为1:（1.2～1.3）。

（3）栽培管理

1）黄瓜栽培管理。9月上旬播种，采用嫁接育苗，10月底定植。定植前将地整平，施足底肥。定植时采用1m宽的垄，每垄栽2行，株距为25cm。

2）平菇管理。采用25cm×45cm的聚乙烯筒袋，于10月上旬按常规法装料接种，每袋装干料约1kg，置于已消毒的室内微孔发菌，经35～40天当培养菌丝长满袋后，放入温室黄瓜行间出菇。可采取两种方式摆放菌棒：①立放菌棒：在黄瓜行间挖深约25cm、宽约23cm的栽培沟，将发好菌的栽培袋脱膜，在沟内竖排1行菌棒20根，覆土，留1/5的菌棒外露出菇。②平放菌棒：将菌袋并列横排在黄瓜行间，每垄摆放2层，使菌袋两头出菇。

3）菌菜管理。在黄瓜定植后株高约1.5m，植株基本遮阴封行时，将发好的菌袋移入温室，解开两头袋口，同时菜地浇水，提高棚内湿度，利于菌菜生长。

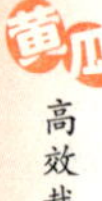

三 黄瓜间作玉米高产栽培技术

玉米间作黄瓜是在玉米产量不减的基础上，行下增种一季秋黄瓜，以满足蔬菜淡季市场供应，实现高产高效益（图8-6）。

（1）品种选择 玉米要选用穗大粒多、单株丰产潜力大的良种，如郑单958等。根据夏秋气候特点，选择适应性强、抗病、耐热、耐涝黄瓜品种。

图8-6 黄瓜玉米间作

（2）种植密度 玉米在6月20日左右行内起2行小垄，种2行黄瓜，黄瓜行距40~45cm，株距25~27cm，亩栽2500株左右。

（3）整地播种 黄瓜根系较弱，应多施腐熟的圈肥、堆肥等有机肥，可每亩施土杂肥2500kg，磷酸二铵10kg。采用高垄栽培，垄高10~12cm，垄沟宽20cm。浸种后露地直播，播种时先在垄面上按栽植行开沟，沟内浇水，待水渗下后，将种子每隔25cm播种1穴，每穴播2~3粒，封沟，耧平，随即在垄沟内浇水，保持土壤湿润。

（4）苗期管理 黄瓜第一片真叶显露时及时间苗，每穴留一株壮苗。2叶1心时结合药剂防病（百菌清、瑞毒霉等），叶面喷施0.3%~0.5%的尿素，促幼苗健壮生长。如果底肥不足，植株生长缓慢，可在3~4叶时追施1次速效氮肥，每亩追施尿素4kg，追后浇水，并适时中耕松土。在黄瓜第一朵雌花开放前后严格控制浇水，以防茎叶徒长而影响坐瓜。坐瓜后可追施腐熟的粪干500kg/亩左右，肥料与土壤充分混合后盖土压实，并可随浇水追施适量钾肥。

（5）结瓜期管理 结瓜期正值高温季节，浇水应在清晨或傍晚进行，一般每隔2~3天浇1次水。雨后用井水冲灌降温，排除田间积水。此期追肥宜采取少施、勤施的方法进行。

第三节 其他黄瓜栽培技术

一 夏秋黄瓜露地栽培技术

黄瓜适宜生长的温度一般为20～28℃，15℃以下、30℃以上环境下生长不正常，38℃以上花粉失去生活力。同时，黄瓜属浅根系作物，喜湿不耐涝。夏秋露地栽培黄瓜恰处高温多雨季节，病虫害多发，不利于黄瓜的正常生育。因此，该茬黄瓜栽培的关键是降温防旱，增加雌花数量和坐瓜率，做好病虫草害的防治工作。

1. 品种选择

1）津研4号：较早熟，基本无侧蔓，主蔓结瓜，第6～7节开始坐瓜，较耐瘠薄。瓜条棍棒形，匀称，深绿色，无棱瘤，刺白较稀，瓜长35～40cm，亩产量为5000kg左右。

2）津研7号：植株生长势强，叶片大，侧蔓3～5条，瓜条绿色，棍棒状，瓜尾部有黄条纹，长40cm左右。耐热性好，在35℃条件下能正常生长，亩产量为5000kg左右。

3）长丰白瓜：丰产优质，抗性强，瓜条均匀，肉质脆，味微甜，亩产量为2000kg左右。

2. 选地、整地与施肥

1）选地：黄瓜忌与同科作物连作，选择土层含丰富的有机质、保水保肥力强的土壤。

2）整地与施肥：开沟作畦，畦宽80～90cm，畦高18～20cm。结合整地亩施充分腐熟的有机肥1500～2500kg、复合肥20～50kg、过磷酸钙25～50kg作基肥。

3. 播种

夏黄瓜可在5月～7月上旬播种，秋黄瓜宜在7月上旬～8月下旬播种。每亩用种量150g左右。浸种直播，行株距60cm×30cm，穴播2～3粒，播后覆土1～1.5cm，再覆稀疏碎稻草，以利出苗。

4. 田间管理

1）畦面覆盖：为防夏秋高温，可在畦面覆盖稻草、青草、水丝草3～5cm，此法可降地温3.5～6.0℃，可减少水分蒸发，有利于植株生长发育。

2）搭架、绑蔓：瓜苗抽蔓时要及时用竹、木条搭1.5m高的“人”字架，蔓长为30cm左右即可绑蔓，每隔3~4节绑蔓1次。

3）追肥、灌水、中耕：夏秋黄瓜生长快，坐瓜早，要求肥水充足，全生育期需追肥3~4次，每次追施稀粪水500~1000kg或三元复合肥5~10kg。中后期可根外追施磷酸二氢钾、绿旺一号等叶面微肥。根据墒情及时浇水，浇水宜在下午进行。结合中耕进行除草。

4）植物生长调节剂处理：黄瓜幼苗在2叶1心和3叶1心时，叶面喷施100mg/L的40%乙烯利2次，以增加植株雌花量。

5. 病虫害防治

参照第九章黄瓜病虫害诊断及综合防治技术的相关内容。

二 彩色保健黄瓜的栽培技术

彩色保健黄瓜是由山西省农业科学院农业专家用南瓜组合杂交而成的。具有5个特性：果皮多彩，瓜条多型，营养丰富，有观赏价值，效益可观。该品种蔓粗叶大，抗伏期高温，耐秋后霜冻。发芽快，出苗快，开花早，坐瓜早，结瓜多。播后30天开花，40天上市，耐储存，便远销。水肥充足时单株结瓜2kg，每亩种植5000株左右，丰产性好。

1. 彩色保健黄瓜五大特点

1）果皮多彩：黄似金，碧如玉，白若雪，老来红。

2）瓜条多型：“修长细直似蛇龙，富贵雍容像宫灯，大如牛魔二尺角，小似天鹅三寸卵”。

3）营养丰富：富含维生素B_1、维生素B_2、维生素E，具有开胃、清热、利水、解毒、降血脂、抗肿瘤、延缓衰老、美容、减肥等功效。

4）观赏价值：多彩的颜色，多姿的形态，可为庭院、住宅、街市、行道、园林增加一种观赏性。

5）效益可观。

2. 彩色保健黄瓜栽培技术要点

1）育苗：该黄瓜可早育早栽，迟育迟栽。保护地栽培于1月育苗，露地栽培3~5月均可育苗。大棚内营养钵育苗或塑料薄膜覆盖育苗，每钵播种2粒，间留1苗，移栽前炼苗。

2）移栽：移栽前结合整地重施腐熟的农家肥。选择阴天移栽，根据地力亩定植苗4000～6000株，栽后及时浇水缓苗。

3）植株整理：缓苗7天后搭架，可用竹竿等搭好“人”字形瓜架，甩蔓后及时绑蔓，每2～5片叶绑蔓1次。绑蔓宜在上午茎蔓发软时进行，注意要理顺叶片，摘除侧蔓和瓜须。

4）田间管理：搭架后及时中耕除草，防旱排涝，并及时追肥、防治病虫。根据上市时间和加工需要适时采摘收获。

第九章

黄瓜病虫害诊断及综合防治技术

第一节 黄瓜侵染性病害的诊断与综合防治技术

一 真菌性病害防治技术

1. 黄瓜炭疽病

【病原】 葫芦科刺盘孢菌，属半知菌亚门真菌。

【症状】 炭疽病在黄瓜整个生长期内皆可发病。幼苗发病，多在子叶边缘出现半圆形浅褐色病斑，上有橙黄色点状胶质物；幼茎基部发病常引起倒伏；成株叶片发病，病斑近似圆形，红褐色，表面有粉红色黏稠物，严重时叶片甚至干枯；茎与叶柄染病，病斑长圆形，黄褐色，稍凹陷，严重时病斑绕茎一周致全株枯死；瓜条染病，病斑近圆形，初为浅绿色，后成黄褐色，病斑稍凹陷，上有红褐色黏稠物。叶柄或瓜条上有时出现琥珀色胶状物（彩图6）。

【发生规律】 病菌在病株残余组织上或种皮内越冬，第二年春季条件适宜时产生分生孢子盘，并产生大量的分生孢子，成为侵染源，可借助风雨、灌溉水、农事操作等传播，引发再侵染。田间发病适温在20~27℃，病菌最适生长温度为24℃；空气相对湿度大于95%，叶片有露珠时有利于发病。洼地、排水不良、种植过密、通风光照不足、多年连作的地区发病较重，发病盛期在5~6月和9~10月。

【防治方法】

1）农业措施。选用抗病品种，如津研 4 号、早青 2 号、中农 1101、夏丰 1 号。重病床土实行轮作，选用无病土或进行苗床土壤消毒，减少初侵染源。采用高畦覆膜可减轻病菌危害；棚室内及时通风排湿，使棚内湿度保持在 70% 以下，以减少叶面结露和吐水；除病灭虫，绑蔓、采收均应在露水落干后进行，减少人为传播蔓延。增施磷钾肥以提高植株抗病力。

2）种子消毒。对生产用种以 50～55℃温水浸种 20min，或用冰醋酸 100 倍液浸种 30min，清水冲洗干净后催芽。

3）药剂防治。露地栽培发病初期可喷洒以下药剂防治：50% 甲基硫菌灵可湿性粉剂 700 倍液 +75% 百菌清可湿性粉剂 700 倍液、36% 甲基硫菌灵悬浮剂 500 倍液、50% 苯菌灵可湿性粉剂 1500 倍液、80% 多菌灵可湿性粉剂 600 倍液、50% 混杀硫悬浮剂 500 倍液、80% 炭疽福美可湿性粉剂 800 倍液、25% 溴菌腈可湿性粉剂 500 倍液、30% 绿叶丹可湿性粉剂 500 倍液、2% 抗霉菌素或 2% 武夷菌素水剂 200 倍液等。兑水喷雾，视病情 5～7 天防治 1 次，连续防治 2～3 次。药剂配施喷施宝或植宝素 7500 倍液，可兼药肥之效。

2. 黄瓜霜霉病

【病原】 古巴假霜霉菌，属鞭毛菌亚门真菌。

【症状】 俗称“干叶子”，生长期内均可发病，主要为害叶片和茎，卷须及花梗受害较少。幼苗期发病，子叶正面发生不规则的褪绿黄褐色斑点，湿度大时病斑背面可产生灰褐色霉状物，严重时子叶变黄干枯。成株发病，叶片出现水渍状浅黄色小斑点，后病斑逐渐扩大，病斑受叶脉限制呈多角形。潮湿时，病斑背面出现灰色至紫褐色霉层。病重时病斑连成一片，叶片干枯。发病顺序为从植物下部叶片开始，逐步向上部扩展（彩图 7）。

【发生规律】 霜霉病最适宜发病温度为 16～24℃，低于 10℃或高于 28℃较难发病，低于 5℃或高于 30℃，基本不发病。适宜的发病湿度为 85% 以上，特别在叶片有 3h 以上水滴或水膜时，最易受侵染发病。湿度低于 70%，病菌孢子难以发生侵染。阴天多雨，湿度大，结露时间长及通风排水不良的地块容易流行

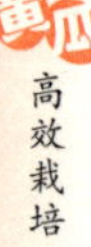

此病。

【防治方法】

1）农业措施。选用抗病良种。加强栽培管理，注意种植密度，采用高垄覆膜，膜下暗灌栽培模式可减少土壤水分蒸发，降低空气湿度。在晴天上午浇水，严禁阴雨天浇水，防止湿度过大，浇水后及时排除湿气，防止夜间叶面结露。加强温度管理，上午棚室温度控制在28~32℃，最高35℃，空气相对湿度60%~70%，放风不宜过早。增施有机底肥，注意氮、磷、钾肥合理搭配。收获后彻底清除病残落叶，并妥善处理。

2）药剂防治。常用药有70%乙膦·锰锌500倍液、72.2%霜霉威盐酸盐水剂800倍液、50%福美双可湿性粉剂500倍液、75%百菌清可湿性粉剂700倍液、25%甲霜灵可温性粉剂600倍液、20%苯霜灵乳油300倍液、25%甲霜灵·锰锌可温性粉剂600倍液、50%甲霜铜可湿性粉剂600~700倍液、40%三乙磷酸铝可湿性粉剂200~250倍液等。兑水喷雾，视病情5~7天防治1次，连续防治2~3次。

【提示】 施药时间应避开高温时间段，最佳施药温度为20~30℃。

3. 黄瓜靶斑病

【病原】 棒孢菌，属半知菌亚门真菌。

【症状】 又称“黄点子病”“小黄点”，发病初期为黄色水浸状斑点，中期病斑扩大为圆形或不规则形，褐色，中央灰白色、半透明，易穿孔，叶正面病斑粗糙不平。后期病斑直径可达10~15mm，中央有一明显的眼状靶心，湿度大时病斑上可生有稀疏灰黑色霉状物，呈环状（彩图8）。

【发生规律】 该菌在土中的病残体上越冬，第二年借气流或雨水传播，进行初侵染；侵入后潜育期一般为6~7天，之后病部新生病原菌，当遇高湿或通风透气不良时进行再侵染，使病害逐渐蔓延。严重时，发病1周落叶率可由5%发展到90%，造成大面积减产甚至绝产。最适发病温度为20～30℃，相对湿度90%以上。温度25～30℃和湿度饱和时病害发生较重。

【防治方法】

1）农业措施。选用抗病品种，播种前用新高脂膜拌种，驱避地下病虫，隔离病菌感染。与非瓜类作物实行2年以上轮作，彻底清除前茬作物病残体，减少初侵染源。摘除中下部病斑较多的病叶，减少病原菌数量。

2）药剂防治。发病初期用以下药剂防治：20%氟硅唑·咪鲜胺1000～1200倍液、20%噻唑锌悬浮剂500倍液+60%唑醚·代森联水分散粒剂750倍液、20%噻唑锌悬浮剂500倍液+72%霜脲·锰锌可湿性粉剂、20%噻唑锌悬浮剂500倍液+35%霜霉威水剂750倍液。兑水喷雾，视病情5～7天防治1次，连续防治2～3次。也可选用木醋液500倍液，可同时防治细菌性角斑病。

【提示】 黄瓜靶斑病症状与霜霉病和细菌性角斑病极易混淆，必须区别这3种病害，对症用药。靶斑病病斑，叶两面色泽相近，湿度大时上生灰黑色霉状物；而细菌性角斑病，叶背面有白色菌脓形成的白痕，清晰可辨，两面均无霉层。靶斑病病斑枯死，病健交界处明显，并且病斑粗糙不平；而霜霉病病斑叶片正面褪绿、发黄，病健交界处不清晰，病斑平。

4. 白粉病

【病原】 瓜类单丝壳白粉菌，属子囊菌亚门真菌。

【症状】 俗称“白毛病”，北方温室和大棚内最易发生此病，其次是春播露地黄瓜，而秋黄瓜发病较轻。因为白粉病会影响叶片的光合作用，对生长后期的黄瓜造成很大的产量损失。以叶片受害最重，其次是叶柄和茎，一般不为害果实。发病初期叶片正面或背面产生白色近圆形的小粉斑，逐渐扩大成边缘不明显的大片白粉区，布满叶面，好像撒了层白粉。抹去白粉，可见叶面褪绿，枯黄变脆。白粉病侵染叶柄和嫩茎后，其症状与叶片上的相似，只是病斑和粉状物较少。发病严重时，叶面布满白粉，变成灰白色，直至整个叶片枯死（彩图9）。

【发生规律】 北方地区病菌以闭囊壳随病残体在地上或花房月季花或保护地瓜类作物上越冬，南方地区以菌丝体或分生孢子在寄主上越冬越夏。第二年条件适宜时，分生孢子萌发借助气流或雨水传播到寄主叶片上，5天后形成白色菌丝状病斑，7天成熟，形成分生孢子飞散传播，进行再侵染。发病温度为20～25℃，但不能适应30℃以上和10℃以下的温度。对空气湿度的要求不严，最适湿度为75%。

【防治方法】

1）农业措施。选用优良品种，现有主栽品种除密刺类黄瓜易感白粉病外，大多数杂交种对于白粉病的抗性均较强。避免过量施用氮肥，适量增施磷钾肥；注意棚室通风、透光、降湿，拉秧后及时清除病残组织。

2）药剂防治。当田间发生中心病株时，要及时喷药防治，可用药剂有50%的甲基硫菌灵可湿性粉剂1000倍液、75%百菌清可湿性粉剂500～600倍液、56%嘧菌·百菌清水乳剂600倍液、拜雷顿可湿性粉剂4000倍液+75%百菌清可湿性粉剂1000倍液等。兑水喷雾，视病情5～7天防治1次，连续防治2～3次。

【提示】 防治白粉病的关键是早预防，最佳喷药时间为上午11:30～12:00（高温杀菌），叶面、叶背以及地面都要均匀喷雾。多种药剂交替使用，防止长期单一使用一种药剂诱发抗药性，降低防治效果。

【栽培禁忌】 粉锈宁不可用于黄瓜白粉病防治，否则易因其严重抑制黄瓜植株生长导致生产损失。

5. 绵疫病

【病原】 瓜果腐霉菌，属鞭毛菌亚门真菌。

【症状】 苗期染病常引发猝倒，结瓜期主要为害果实。地面湿度大，贴地表的瓜面容易发病。首先瓜面出现水渍状病斑，后褐变，软腐。环境湿度大时，病部长出白色绒毛状菌丝。后期腐烂，发出臭味（彩图 10）。

【发生规律】 病菌以卵孢子在土壤中或以菌丝体在病残体上越冬。表土层中越冬，条件适宜时萌发产生孢子囊释放游动孢子或直接长出芽管侵染幼苗。借助雨水、灌溉水传播。病菌生长适宜温度为 22～24℃，适宜相对湿度为 95%。

【防治方法】

1）农业措施。育苗床应地势较高，排水良好，施用的有机肥应充分腐熟。选择晴天浇水，不宜大水漫灌。加强苗期温度、湿度管理，及时放风降湿，防止出现 10℃以下低温高湿环境。

2）药剂防治。发现病株应及时拔除，发病初期用以下药剂防治：72.2% 霜霉威盐酸盐水剂 800～1000 倍液、15% 噁霉灵水剂 1000 倍液、84.51% 霜霉威·乙磷酸盐可溶性水剂 800～1000 倍液、687.5g/L 氟吡菌胺·霜霉威悬浮剂 800～1200 倍液、69% 烯酰吗啉可湿性粉剂 600 倍液、64% 噁霜·锰锌可湿性粉剂 500 倍液等。兑水喷雾，视病情每 5～7 天防治 1 次，连续防治 2～3 次。

6. 蔓枯病

【病原】 瓜类球腔菌，属半知菌亚门真菌。

【症状】 又称褐斑病，全生育期均可发病，主要为害茎蔓、叶片或叶柄。叶片发病初期从叶缘开始长有褐色病斑，呈圆形或半圆形，病斑边缘与健康组织界限分明。后病斑扩大并融合成不规则形，病斑中心浅褐色，边缘深褐色，有同心轮纹，并产生黑色小点。湿度大时迅速扩展至全叶，整个叶片枯死。叶柄受害初期基部出现水渍状小斑，后变成褐色梭形或不规则坏死斑，病部缢缩，着生小黑点，其上部叶片枯死。茎蔓发病初期，节间部位出现浅黄色油渍状斑，病部分泌赤褐色胶状物。后期病斑干枯，凹陷，呈白色，其上着生黑色小粒点。果实染病，初也呈油渍状，不久变为暗褐色坏死斑，后病斑呈星状开裂，内部木栓化干腐（彩图 11）。

【发病规律】 病菌以分生孢子或子囊壳随病残体在土壤或棚室内越冬，借气流、雨水、灌溉水等传播和再侵染，从茎蔓节

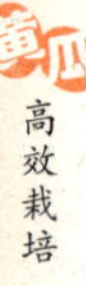

间、叶片等气孔或伤口侵入，种子也可带菌18个月以上。适宜发病温度为20～30℃，最高生长温度为35℃，最低生长温度为5℃。适宜相对湿度为80%～92%。棚室内高温高湿，土壤酸化（pH为4～6），茎蔓郁闭，通风不良，排水不畅等均利于发病。

【防治方法】

1）农业措施。与非瓜类作物轮作。提倡高畦或起垄种植，避免大水漫灌。施用充分腐熟的有机肥，适当增施磷钾肥，防止后期脱肥。拉秧后及时清除病残体等。

2）药剂防治。发病初期用以下药剂防治：80%代森锰锌可湿性粉剂600倍液、10%苯醚甲环唑水分散粒剂1200倍液、50%甲基硫菌灵可湿性粉剂1000～1500倍液、40%氟硅唑乳油3000倍液、325g/L苯甲·嘧菌酯悬浮剂1500～2500倍液、60%吡唑·代森联可湿性粉剂1200倍液、30%琥胶肥酸铜可湿性粉剂500～800倍液+70%代森联悬浮剂700倍液等。兑水喷雾，视病情每5～7天防治1次，连续防治2～3次。

7. 枯萎病

【病原】 尖镰孢菌黄瓜专化型，属半知菌亚门真菌。

【症状】 黄瓜枯萎病属于土传病害，全生育期均可发病。苗期染病，子叶萎蔫，茎基部褐变萎缩，猝倒，剖茎可见维管束变黄。成株发病初期植株生长缓慢，根系变褐，叶片自下而上逐渐萎蔫，似缺水状，中午症状表现明显，早晚可恢复。随病情发展叶片枯萎下垂，植株枯死。同时茎蔓基部缢缩褐变，病部出现纵裂，裂口处出现琥珀色流胶或水渍状条斑，潮湿环境下病部产生粉红色霉层。剖开根、蔓，维管束呈褐色。潮湿条件下病株根部发病初呈水浸状褐色，严重时变褐腐烂，易拔起（彩图12）。

【发病规律】 病菌主要以厚垣孢子、菌丝体或菌核在土壤病残体或未腐熟肥料中越冬或种子带菌。病菌在田间随雨水、灌溉水、未腐熟有粪肥、地下害虫等传播，属积年流行病害。当条件适宜时，病菌通过根部伤口或根尖侵入。发病温度为4～34℃，最适温度为24～28℃，35℃以上病害受抑制，但苗期16～18℃最易发病。空气相对湿度90%以上极易诱发此病。此外，根系发育不良或有伤口，排水不良，害虫较多，土壤酸化等均有利于发病。该病害从结瓜至采收期间易发生，生产上应加以重点防治。

【防治方法】

1）农业措施。

① 注意换茬轮作。施用充分腐熟的有机肥。提倡高垄覆膜栽培，小水灌溉，忌大水漫灌。适当增施生物菌肥以及氮磷钾平衡肥，提高植株抗性。适时通风降湿。收获后及时清除病残体和进行土壤消毒等。

② 嫁接防病。用南瓜砧木进行嫁接，栽培防病效果明显。

③ 土壤处理。黄瓜连作棚室可用石灰稻草法或石灰氮进行土壤消毒，并在定植前几天大水漫灌和高温闷棚。

2）药剂防治。发病前至发病初期用下列药剂防治：70% 噁霉灵可湿性粉剂 2000 倍液、3% 噁霉・甲霜水剂 600 ~ 800 倍液、45% 噻菌灵悬浮剂 100 倍液、50% 甲基硫菌灵可湿性粉剂 500 倍液、80% 代森锰锌可湿性粉剂 600 倍液、50% 多菌灵可湿性粉剂 500 倍液、50% 苯菌灵可湿性粉剂 500 ~ 1000 倍液等，兑水灌根，每株 250mL，视病情 5 ~ 7 天防治 1 次，连续防治 2 ~ 3 次。

【提示】 应注意枯萎病与疫病区别，疫病病株不流胶，常自叶柄基部发病，发病部位以上茎蔓枯死，病部明显缢缩。

8. 黄瓜灰霉病

【病原】 灰葡萄孢菌，属半知菌亚门真菌。

【症状】 主要为害幼瓜、叶片、花和茎蔓。苗期发病，心叶烂头枯死，病部产生灰色霉层。叶片感病，病菌先从叶片边缘侵染形成水渍状病斑，病斑略呈“V”字形、半圆形或不规则形，并向叶片深度扩展，颜色变为红褐色或灰褐色，表面有浅灰色霉层。花瓣受害，形成水渍状腐烂，上着生灰色霉层，后花器官枯萎脱落。果实受害，多从果蒂部开始发病，初为水渍状软腐，病部产生灰色霉层，后变为黄褐色干缩或脱落（彩图 13）。

【发生规律】 病菌以菌核、菌丝体或分生孢子在土壤和病残体上越冬。从植株伤口、花器官或衰老器官侵入，花期是染病高峰期。借气流、灌溉或农事操作传播。病菌生长适宜温度为18～23℃，最高30～32℃，最低4℃。空气相对湿度90%以上、棚室滴水、植株表面结露易诱发此病，属低温高湿型病害。

【防治方法】

1）农业措施。棚室黄瓜提倡高垄覆膜、膜下暗灌或滴灌的栽培模式。适时通风换气，降低湿度。及时进行整枝、打杈、打老叶等植株调整，摘（清）除病果、病花、病叶或病残体。氮磷钾平衡施肥，促植株健壮。

【提示】 棚室黄瓜脱落的烂花或病卷须落在叶片上易引发灰霉病发生，因此植株下部的败花、茎须等应装在随身塑料袋中及时带出棚室以便集中销毁。

2）药剂防治。棚室黄瓜拉秧后或定植前采用30%百菌清烟剂7.5kg/公顷、20%腐霉利烟剂15kg/公顷或20%噻菌灵烟剂15kg/公顷熏闷棚12～24h灭菌。或采用40%嘧霉胺悬浮剂600倍液、50%敌菌灵可湿性粉剂400倍液、45%噻菌灵可湿性粉剂800倍液等进行地表和环境灭菌。

发病初期采用以下药剂防治：50%腐霉利可湿性粉剂1500～3000倍液、40%嘧霉胺可湿性粉剂800～1200倍液、50%嘧菌环胺可湿性粉剂1200倍液、30%福·嘧霉可湿性粉剂800～1000倍液、45%噻菌灵可湿性粉剂800倍液、25%啶菌噁唑乳油1000～2000倍液、2%丙烷脒水剂800～1200倍液。兑水喷雾，每5～7天防治1次，连续防治2～3次。

9. 黄瓜疫病

【病原】 辣椒疫霉菌，属鞭毛菌亚门真菌。

【症状】 黄瓜疫病发展快，条件适宜时常令人感到猝不及防。成株及幼苗均可染病，主要侵染叶片、茎蔓、果实等。

幼苗染病多始于嫩尖，发病初期叶片上出现暗绿色病斑，幼苗呈水浸状萎蔫，病部缢缩，病部以上干枯呈秃尖状。子叶发病时，叶片上形成褪绿斑，不规则状，湿度大时很快腐烂。茎基部发病时，病部缢缩，幼苗倒伏，常被误诊为枯萎病。

成株染病，多在茎基部，初期在茎基部或一侧出现水浸状病斑，很快病部缢缩，输导功能丧失，导致地上部迅速萎蔫，呈青枯状。此病在田间干旱条件下呈慢性发病症状，并且可以造成其他病菌的复合侵染，浇水后病情加重，植株很快死亡。茎节处染病，形成褪绿色不规则病斑，湿度大时迅速发展包围整个茎，病部缢缩，病部以上萎蔫。叶片染病产生圆形或不规则形水浸状大病斑，边缘不明显，扩展快，扩展到叶柄时叶片下垂。干燥时呈青白色，湿度大时病部有白色菌丝产生。瓜条染病，形成水浸状暗绿色病斑，略凹陷，湿度大时，病部产生灰白色稀疏菌丝，瓜软腐，有腥臭味（彩图 14）。

【发生规律】 病菌主要以菌丝体、卵孢子及厚垣孢子随病残体在土壤或粪肥中越冬，借风、雨、灌溉水传播蔓延。发病适温为 28～30℃，土壤水分是影响此病流行程度的重要因素。夏季温度高、雨量大、雨天多的年份疫病容易流行，危害严重。此外，地势低洼、排水不良、连作地等易发病。设施栽培时，春夏之交打开温室前部放风口后，容易传播发病。

【防治方法】

1）农业措施。

① 选用抗病品种。如津春 3 号、津杂 3 号、津杂 4 号、中农 1101、龙杂黄 5 号、早丰 2 号等。选用云南黑籽南瓜作砧木，进行嫁接育苗。采用高畦栽培，覆盖地膜，减少病菌对植株的侵染机会。避免大水漫灌，避免土壤和空气的湿度过高。露地栽培时，雨季要及时排出田间积水，发现中心病株后及时拔除。

② 种子和土壤消毒。种子消毒的有效方法是用 25% 甲霜灵可湿性粉剂 800 倍液浸种 30min，而后催芽、播种。苗床或棚室土壤消毒的方法是每平方米苗床用 25% 甲霜灵可湿性粉剂 8g 与土拌匀撒在苗床上。保护地栽培于定植前用 25% 甲霜灵可湿性粉剂 750 倍液喷淋地面。

2）药剂防治。防治露地黄瓜疫病的关键是从雨季到来前 1 周开始喷药，每 7 天 1 次，连喷 3 次，可选用的药剂有 64%

噁霜·锰锌可湿性粉剂600倍液、25%甲霜灵可湿性粉剂1000倍液、叶霉杀星可湿性粉剂1200~1600倍液、50%甲霜铜可湿性粉剂600倍液等。实践表明，在发病前用70%代森锰锌可湿性粉剂500倍液或1:0.8:200倍的波尔多液喷雾保护，防效很好。也可用25%甲霜灵可湿性粉剂800倍液、64%噁霜·锰锌可湿性粉剂800倍液、58%甲霜灵·锰锌可湿性粉剂800倍液、55%多效甲霜灵可湿性粉剂500倍液灌根，每5~7天1次，连灌3次，每株灌根用药液250~500g。

【小窍门】>>>>

黄瓜茎蔓侵染疫病后，在喷雾防治的同时，可用小刷子蘸药液集中刷洗病斑，可控制病斑发展。

10. 黄瓜黑星病

【病原】 瓜疮痂枝孢菌，属半知菌亚门真菌。

【症状】 黄瓜黑星病是一种世界性病害，在欧洲、北美、东南亚等地严重危害黄瓜生产。近年来，随着我国保护地生产的发展，黄瓜黑星病在我国部分地区危害严重。黄瓜黑星病在黄瓜整个生育期均可侵染发病，为害部位有叶片、茎、卷须、瓜条及生长点等，以植株幼嫩部分如嫩叶、嫩茎和幼瓜受害最重，而老叶和老瓜对病菌不敏感。幼苗染病，子叶上产生黄白色圆形斑点，子叶腐烂，严重时幼苗整株腐烂。稍大时，幼苗刚露出的真叶烂掉，形成双头苗、多头苗。侵染嫩叶时，起初在叶面呈现近圆形褪绿小斑点，进而扩大为2~5mm浅黄色病斑，边缘呈星纹状，干枯后呈黄白色，后期形成边缘有黄晕的星星状孔洞。嫩茎染病，初为水渍状暗绿色菱形斑，后变暗色，凹陷龟裂，湿度大时病斑长出灰黑色霉层。生长点染病时，心叶枯萎，形成秃桩。卷须染病则变褐腐烂。幼瓜和成瓜均可发病。起初为圆形或椭圆形褪绿小斑，病斑处溢出透明的黄褐色胶状物（俗称“冒油”），凝结成块。以后病斑逐渐扩大、凹陷，胶状物增多，堆积在病斑附近，最后脱落。湿度大时，病部密生黑色霉层。接近收获期，病瓜暗绿色，有凹陷疮痂斑，后期变为暗褐色，空气干燥时龟裂，病瓜一般不腐烂。幼瓜受害时，病斑处组织生长受抑制，引起瓜条弯曲、畸形（彩图 15）。

【发生规律】 病菌以菌丝体附着在病株残体上，在田间、土壤、棚架中越冬，成为第二年侵染源，也可以分生孢子附在种子表面或以菌丝体潜伏在种皮内越冬，成为近距离传播的主要来源。主要靠雨水、气流和农事操作在田间传播。病菌从叶片、果实、茎表皮直接侵入，或从气孔和伤口侵入，在棚室内的潜育期一般为 3～10 天，在露地为 9～10 天。黄瓜黑星病发病与栽培条件和栽培品种关系密切。该病菌在相对湿度在 93% 以上，日均温在 15～30℃之间较易产生分生孢子，并要求有水滴和营养。因此，当棚内最低温度在 10℃ 以上，下午 6：00～第二天上午 10：00空气相对湿度高于 90%，且棚膜及植株叶面结露时，该病容易发生和流行。温室黄瓜一般在 2 月中下旬开始发病，到 5 月以后气温高时病害依然发生。

【防治方法】

1）农业措施。选用抗病品种。与非瓜类作物轮作；加强栽培管理，科学控制温湿度，采用地膜覆盖、滴灌等技术。加强田间管理，栽培时应注意种植密度，升高棚室温度，采取地膜覆盖及滴灌等节水技术，及时放风，降低棚内湿度，缩短叶片表面结露时间，可减轻黑星病的发生。

2）生物防治。预防方案：将速净 30mL 兑水 15L，7 天左右用药 1 次。治疗方案：速净 50mL + 大蒜油 15～20mL，兑水 15L 喷雾，3～5 天 1 次，连用 2～3 次，防治后转为预防。

3）药剂防治。在定植前 10 天对棚室消毒，可以用硫黄粉拌锯末，点燃熏棚灭菌。可选用 5% 百菌清粉尘每亩喷粉 1kg，或用 45% 百菌清烟剂每亩 500g 熏烟。喷粉宜在早晨放风前进行，熏烟应在傍晚闭棚后进行。黑星病的防治关键是及时，一旦发现中心病株要及时拔除，喷药防治，如果错过防治的最佳时机，病害得到进一步蔓延，就会给防治带来困难。发病初期可用以下药剂防治：50%多菌灵可湿性粉剂500倍液、50%苯菌灵可湿性粉剂1000倍液、5%甲基硫菌灵600倍液、2%农抗BO-10水剂200倍液、40%氟硅唑乳油3000～4000倍液、20%腈菌·福美双可湿性粉剂1500～2000倍液、50%醚菌酯干悬浮剂3000～4000倍液、50%退菌特可湿性粉剂500～1000倍液、30%福·嘧霉可湿性粉剂1000倍液等。兑水喷雾，每5～7天防治1次，连续防治2～3次。

11. 黄瓜菌核病

【病原】 核盘菌，属子囊菌亚门真菌。

【症状】 苗期至成株期均可发病，以距地面5～30cm时发病最多，病瓜脐部形成水浸状病斑，软腐，表面长满棉絮状菌丝体。茎部发病，开始产生褪色水浸状病斑，逐渐扩大呈浅褐色，病茎软腐，长出白色棉絮状菌丝体，茎表皮和髓腔内形成坚硬菌核，植株枯萎。幼苗发病在近地面幼茎基部出现水浸状病斑，很快病斑绕茎一周，幼苗猝倒。一定湿度和温度下，病部先生成白色菌核，老熟后为黑色鼠粪状颗粒（彩图16）。

【发生规律】 菌核遗留在土壤中或混杂在种子中越冬或越夏，种子带菌随播种操作进入田间，留在土壤中的菌核遇到适宜温湿度条件时即可萌发，在地表出现子囊盘，放出子囊孢子，随气流传播蔓延，侵染衰老的花瓣或叶片。在田间，带菌雄花落在健叶或茎上经菌丝接触，易引起发病，并以此方式进行重复侵染，直到条件不适宜繁殖时，又形成菌核落入土中或随种株混入种子中越冬或越夏。病菌对水分要求较高，相对湿度高于85%，温度15～20℃利于菌核萌发和菌丝生长、侵入及子囊盘产生。因此，低温、高湿或多雨的早春或晚秋有利于该病发生和流行。连年种植葫芦科、茄科及十字花科蔬菜的田块，排水不良的低洼地，偏施氮肥或霜害、冻害条件下发病重。

【防治方法】

1）农业措施。播种前用10%盐水漂种2～3次，淘除菌核。用紫外线透过率较高的塑料薄膜覆盖棚室，可抑制子囊盘出土及子囊孢子形成。采用高畦覆膜的栽培方式抑制子囊盘出土及释放子囊孢子，减少菌源。棚室栽培，上午以闭棚升温为主，温度不超过30℃不放风，下午及时放风排湿，相对湿度保持在65%以下，发病后可适当提高夜温以减少叶片结露，从而减轻病情。合理运筹水分，土壤湿度大时适当延长浇水间隔期。

2）药剂防治。棚室地面上出现子囊盘时，采用烟雾法或喷雾法防治。可用10%腐霉剂烟剂或45%百菌清烟剂250g/亩，熏1夜，每8～10天熏1次，连续或与其他方法交替防治3～4次。喷撒5%百菌清粉尘剂，每亩每次1kg。也可用50%腐霉剂可湿性粉剂1500倍液、50%异菌脲可湿性粉剂1000倍液、50%乙烯菌核利可湿性粉剂1000倍液、60%防霉宝超微粉600倍液、20%甲基立枯磷乳油1000倍液、50%异菌脲可湿性粉剂1500倍液+70%甲基硫菌灵可湿性粉剂1000倍液于盛花期兑水喷雾，每5～7天防治1次，连续防治2～3次。病情严重时，可把上述杀菌剂兑成50倍液，用小刷子涂抹在瓜蔓病部，可迅速控制病情。

12. 黄瓜黑斑病

【病原】 瓜链格孢，属半知菌亚门真菌。

【症状】 中下部叶片先发病，后逐渐向上扩展，重病株除心叶外，均可染病。病斑圆形或不规则形，中间黄褐色。叶面病斑稍隆起，表面粗糙，叶背病斑呈水渍状，四周明显，且出现褪绿的晕圈，病斑大多出现在叶脉之间，很少生于叶脉上，条件适宜时，病斑迅速扩大连接成片（彩图17）。

【发生规律】 病菌以菌丝体或分生孢子附着在病残体、发病组织或种子表面越冬。越冬病菌第二年初侵染，借气流或雨水传播，分生孢子萌发可直接侵入叶片，发病后很快形成分生孢子进行再侵染。病菌生长温度为5～40℃，适宜温度为20～30℃，高温、高湿利于发病。黄瓜生长期高温多雨或浇水后通风不及时，病害发生严重，扩展迅速。中后期植株脱肥，生长衰弱，病害加重。

【防治方法】

1）农业防治。播种前进行种子消毒，用5～60℃水恒温浸种15min或用50%多菌灵粉剂500倍浸种20min后用水冲净后催芽。施腐熟的有机肥，增施磷、钾肥，增强植株抗病能力。采用高垄覆膜栽培，控制浇水量，防止大水漫灌。与非瓜类作物实行2～3年轮作。

2）药剂防治。药剂防治黑斑病的关键是在发病前或发病初期进行早防早治。保护地黄瓜发病初期可用粉尘剂和烟雾剂防治。可于傍晚闭棚后喷撒5%百菌清粉尘剂1kg/亩、燃45%百菌清烟剂250～300g/亩或15%噁霜·锰锌烟剂300～400g/亩防治。

还可在发病初期用75%百菌清500～600倍液、40%克菌丹可湿性粉剂500～600倍液、50%异菌脲粉剂1500倍液兑水喷雾，每5～7天防治1次，连续防治2～3次。当病情迅速扩展时，可用20%施宝灵胶悬剂1万～1.5万倍液喷雾1次后，再用其他药剂连续防治。

13. 黄瓜猝倒病

【病原】 瓜果腐霉菌，属鞭毛菌亚门真菌。

【症状】 苗期发病，胚茎基部或中部呈水浸状，后变成黄褐色，缢缩为线状，往往子叶尚未凋萎，幼苗即突然猝倒，致幼苗贴伏地面，有时瓜苗出土时胚轴和子叶已普遍腐烂，变褐枯死。湿度大时，病株附近长出白色棉絮状菌丝。该菌侵染果实引致绵腐病，初现水渍状斑点，后迅速扩大呈黄褐色水渍状大病斑，与健部分界明显，最后整个果实腐烂，病瓜外面长出一层白密棉絮状菌丝。果实发病多始于脐部，多从伤口侵入并在其附近开始侵染致果实腐烂（彩图18）。

【发生规律】 病菌以卵孢子在土壤表土层中越冬，条件适宜时萌发产生孢子囊释放游动孢子或直接长出芽管侵染幼苗。借助雨水、灌溉水传播。病菌生长适温为15～16℃，适宜发病地温为10℃，苗期遇低温高湿、光照不足条件易于发病。猝倒病多在幼苗长出1～2片真叶期发生，3片真叶后发病较少。

【防治方法】

1）农业措施。加强苗床管理，育苗床应地势较高，排水良好，施用的有机肥应充分腐熟。选择晴天浇水，不宜大水漫灌。加强苗期温度、湿度管理，及时放风降湿，防止出现10℃以下低温高湿环境。床土处理：每平方米床土用50%福美双可湿性粉剂、25%甲霜灵可湿性粉剂、40%五氯硝基苯粉剂或50%多菌灵可湿性粉剂8～10g拌入10～15kg细土中配成药土，播种前撒施于苗床营养土中。出苗前应保持床土湿润，以防药害。

2）药剂防治。发现病株应及时拔除。发病初期用以下药剂防治：72.2%霜霉威盐酸盐水剂800～1000倍液、15%噁霉灵水剂1000倍液、84.51%霜霉威·乙磷酸盐可溶性水剂800～1000倍液、687.5g/L氟吡菌胺·霜霉威悬浮剂800～1200倍液、69%烯酰吗啉可湿性粉剂600倍液、64%噁霜·锰锌可湿性粉剂500倍液等。兑水喷淋苗床，视病情每7～10天防治1次。

14. 黄瓜根腐病

【病原】 瓜类腐皮镰孢菌，属半知菌亚门真菌。

【症状】 主要侵染根主茎部，初呈水浸状，后腐烂。茎缢缩不明显，病部腐烂处的维管束变褐不向上发展，有别于枯萎病，后期病部留下丝状维管束。病株地上部初期症状不明显，后叶片中午萎蔫，早晚尚能恢复，严重者枯死（彩图19）。

【发生规律】 以菌丝体、厚垣孢子或菌核在土壤中及病残体上越冬，尤其厚垣孢子可在土中存活5～6年或长达10年，成为主要侵染源。病菌从根部伤口侵入，后在病部产生分生孢子，借雨水或灌溉水传播蔓延，进行再侵染。发病适温为25℃，15～30℃均可发病，20～25℃发病重。高温、高湿利其发病，连作地、低洼地、土壤黏重地或下水头地发病重。

【防治方法】

1）农业措施。有条件的可与十字花科、百合科作物实行3年以上轮作。采用高畦栽培，防止大水漫灌及雨后田间积水。苗期及时松土，增强土壤透气性。

2）药剂防治。发病前至发病初期用下列药剂防治：选用70%噁霉灵可湿性粉剂2000倍液、3%噁霉·甲霜水剂600～800倍液、45%噻菌灵悬浮剂100倍液、50%甲基硫菌灵可湿性粉剂500倍液、80%代森锰锌可湿性粉剂600倍液、50%多菌灵可湿性粉剂500倍液、50%苯菌灵可湿性粉剂500～1000倍液等，兑水灌根，每株250mL，视病情每5～7天防治1次。

二 细菌性病害防治技术

1. 黄瓜细菌性角斑病

【病原】 丁香假单胞杆菌，属细菌。

【症状】 生长期间均可受害，但以成株期叶片受害为主。主要为害叶片、叶柄、卷须和果实，有时也侵染茎。子叶发病，初呈水浸状近圆形凹陷斑，后微带黄褐色干枯；成株期叶片发病，初为鲜绿色水浸状斑，渐变浅褐色，病斑受叶脉限制呈多角形，灰褐或黄褐色，湿度大时叶背溢出乳白色浑浊水珠状菌脓，干后具白痕，后期干燥时病斑中央干枯脱落成孔，潮湿时产生乳白色菌脓，蒸发后形成一层白色粉末状物质或留下一层白膜。茎、叶柄、卷须发病，侵染点水浸状，沿茎沟纵向扩展，呈短条状，湿度大时也见菌脓，严重的纵向开裂呈水浸状腐烂，变褐干枯，表层残留白痕。瓜条发病，出现水浸状小斑点，扩展后不规则或连片，病部溢出大量污白色菌脓。条件适宜时病斑向表皮下扩展，并沿维管束逐渐变色，并深至种子，使种子带菌。幼瓜条感病后腐烂脱落，大瓜条感病后腐烂发臭。瓜条受害常伴有软腐病菌侵染，呈黄褐色水渍状腐烂（彩图 20）。

【发生规律】 病菌附着在种子内外或病残体在土壤中越冬，第二年借助雨水、灌溉水或农事操作传播，通过气孔或伤口侵入植株。发病后通过风雨、昆虫和人的接触传播，进行多次重复侵染。棚室栽培，空气湿度大，黄瓜叶面常结露，病部菌脓可随叶缘吐水及棚顶落下的水珠飞溅传播蔓延，反复侵染，因此，当黄瓜吐水量多，结露持续时间长，有利于此病的侵入和流行。露地栽培，随雨季及田间浇水病情扩展，北方露地黄瓜 7 月中下旬该病达高峰期。此病发病适温 24 ~ 28℃，最高 39℃，最低 4℃。在 49 ~ 50℃的环境中，10min 即会死亡。病菌扩散、传播和侵入均需 90% ~ 100% 的相对湿度或水膜存在等条件，属低温高湿型病害。病斑大小与湿度有关，夜间饱和湿度持续超过 6h，病斑大。湿度低于 85% 或饱和湿度时间少于 3h，病斑小。昼夜温差大，结露重且时间长时发病重。生育期间多雨、重茬或过密种植均可加重病情。

【防治方法】

1）农业措施。选用耐病品种。从无病瓜上采种，播种之前进行种子消毒，瓜种可用70℃恒温箱干热灭菌72h或用50℃温水浸种20min。还可用40%甲醛150倍液浸种90min或用100万单位硫酸链霉素500倍液浸种2h，冲洗干净后催芽播种。加强栽培防病，无病土育苗，重病田与非瓜类作物实行2年以上的轮作。生长期及时清除病叶、病瓜，收获后清除病残株，深埋或烧毁。

【注意】 棚室黄瓜整枝、吊蔓等农事操作应尽量选择在晴天或下午进行，阴天、上午露水较多，湿度较大时病害加重。

2）药剂防治。细菌性角斑病防治应以预防为主，发病初期用以下药剂防治：86.2%氧化亚铜水分散粒剂1000～1500倍液、46.1%氢氧化铜水分散粒剂1500倍液、27.13%碱式硫酸铜悬浮剂800倍液、47%加瑞农可湿性粉剂800倍液、50%琥胶肥酸铜可湿性粉剂500倍液、88%水合霉素可溶性粉剂1500～2000倍液、88%中生菌素可湿性粉剂1000～1200倍液、20%噻菌铜悬浮剂1000～1500倍液、20%叶枯唑可湿性粉剂600～800倍液、33%喹啉酮悬浮剂800～1000倍液、14%络氨铜水剂300倍液、60%琥铜·乙膦铝可湿性粉剂500倍液、47%春·氧化铜可湿性粉剂700倍液、72%农用链霉素可湿性粉剂3000～4000倍液等。兑水喷雾，每5～7天防治1次。

【提示】 角斑病与霜霉病诊断易混淆，黄瓜霜霉病发病初期叶背病斑为多角形水渍状，发展迅速，一般有黑色或紫色霉层，病斑后期不穿孔，瓜条不受害，而细菌性角斑病叶背病斑多为针形水渍状，往往几十个病斑同时发生，溢出菌脓，穿孔，瓜条受害有臭味。

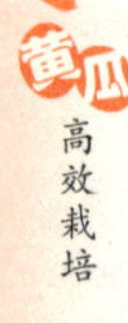

【鉴别诊断】 霜霉病、角斑病、白粉病三种易混淆病害识别要点见表9-1。

表9-1 霜霉病、角斑病、白粉病三种易混淆病害识别要点

识别要点＼病害	霜霉病	角斑病	白粉病
病菌类型	真菌性病害	细菌性病害	真菌性病害
为害部位	叶片	叶片、茎蔓、果实	茎、叶柄、叶片、果实、瓜蔓
病斑颜色与形状	颜色较深、黄褐色，病斑近圆形或不规则形	初发呈油渍状浅绿色小斑点，后扩大成多角形黄褐色病斑，后变为灰白色，湿度大时流出菌脓	在叶表面形成白色粉状物，逐渐变成灰色，并产生黑色小粒，发病初期霉层下部表皮仍保持绿色
穿孔现象	不穿孔，严重时病斑连片，叶变黄干枯	病斑容易开裂或后期穿孔脱落，病斑呈多角形	不穿孔
叶片背面病斑	湿度大时不表现水浸状，病斑上有黑色或灰黑色霜状霉层	湿度大时呈水浸状明显，产生白色菌脓，无霉状物	初发病时叶片反面呈开水烫过状水渍状
病叶透光性	有透光感	无透光感	无透光感

2. 黄瓜细菌性叶枯病

【病原】 黄瓜细菌斑点病黄单胞菌，属细菌。

【症状】 主要为害叶片，也为害幼茎和叶柄。幼叶染病时症状不明显，成叶叶面出现黄化区，叶背出现水渍状小斑点，病斑扩展为圆形或近圆形，病斑处叶面凸起，变薄，呈白色、灰白色、黄色或黄褐色，病斑中间半透明，病斑边界不明显，具黄色晕圈，有时菌脓不明显，有时在叶片背面有白色干菌脓。幼茎染病，病茎开裂。果实染病，在果实上形成圆形灰色斑点，伴有黄色干菌脓（彩图21）。

【发生规律】 苗期至成株期均可发病，保护地栽培棚内夜间饱和湿度时间7h以上，植株表面结露或叶片吐水，易发病害。病菌喜低温高湿环境，适宜发病的温度范围为3～30℃，最适发病环境温、湿度分别为8～20℃和相对湿度95%以上。发病潜育期7～15天，保护地常较露地发病重，通常早春低温期间易发病，棚室温度超过25℃时病害受到抑制。

【防治方法】

1）农业措施。从无病瓜上选留种，瓜种可用70℃恒温干热灭菌72h或50℃温水浸种20min。加强栽培防病，无病土育苗，重病田与非瓜类作物实行2年以上的轮作。生长期及时清除病叶、病瓜，收获后清除病残株，深埋或烧毁。加强田间管理，施足基肥，增施磷、钾肥，防止氮肥施用过多，增强植株抗病性。露地黄瓜推广避雨栽培，保护地黄瓜开花结瓜前少浇水、勤中耕、多通风，降低棚内湿度，减少结露和滴水。

2）药剂防治。可用以下药剂防治：新植霉素5000倍液、30%琥胶肥酸铜（DT杀菌剂）可湿性粉剂500倍液、53.8%氢氧化铜干悬浮剂600倍液、77%硫酸铜钙可湿性粉剂800倍液、47%春雷·王铜WP可湿性粉剂800倍液、12%松脂酸铜（绿乳铜）乳油300倍液等。兑水喷雾，每5～7天防治1次，连续防治2～3次。

【提示】 细菌性叶枯病与细菌性角斑病的区别在于叶枯病病叶背面在清晨或阴天极易出小段明脉，但无菌脓。

三 病毒病防治技术

黄瓜花叶病毒病

【病原】 主要由黄瓜花叶病毒（CMV）和甜瓜花叶病毒（MMV）侵染引起。

【症状】 多全株发病，苗期发病子叶变黄枯萎，幼叶呈现深绿与浅绿相间花叶状，成株发病新叶呈黄绿相嵌状花叶，病叶小，略皱缩，严重的叶反卷，病株下部叶片逐渐黄枯。发病初期表现“明脉”症状，逐渐在新叶上表现花叶，病叶变窄，伸直呈拉紧状，叶表面茸毛稀少。叶尖细长，有些病叶边缘向上翻卷。在中下部叶上常出现沿主侧脉的褐色坏死斑，或沿叶脉出现对称的深褐色的闪电状坏死斑纹。瓜条发病，表现深绿与浅绿相间疣状斑块，果面凹凸不平或畸形，发病重的节间短缩，簇生小叶，不结瓜，以致萎缩枯死（彩图22）。

【发病规律】 黄瓜花叶病毒不能在病残体上越冬，多在多年生宿根植物上越冬，以春季蚜虫为主要传播媒介。冬季及早春气温低，降雪量大，越冬蚜虫数量少，早春活动晚，病毒病发病轻。春天干旱可导致病毒病大流行。发病适温20℃，气温高于25℃多表现隐性症状。

【防治方法】

1）农业措施。选用抗病品种。培育壮苗，适期定植，采用配方施肥技术，及时防治蚜虫。播种前进行种子消毒：可用3%～10%磷酸三钠溶液浸种10min。合理轮作倒茬，减少病毒毒源。黄瓜绿斑驳花叶病毒病是以侵染葫芦科植物为主的病害，一般与非寄主作物实行2年以上的轮作倒茬。

2）药剂防治。蚜虫、白粉虱是病毒传播的主要媒介，可用以下杀虫剂进行喷雾防治：240g/L螺虫乙酯悬浮剂4000～5000倍液、10%吡虫啉可湿性粉剂1000倍液、3%啶虫脒乳油2000～3000倍液、20%氯噻啉可湿性粉剂2000倍液、25%噻虫嗪可湿性粉剂2500～5000倍液、2.5%高效氯氟氰水剂1500倍液、10%烯啶虫胺水剂3000～5000倍液。

发病前或初期用以下药剂防治：20%吗啉胍·乙铜可湿性粉剂500～800倍液、2%宁南霉素水剂300～500倍液、7.5%菌毒·吗啉胍水剂500～700倍液、1.5%硫铜·烷基·烷醇水乳剂300～500倍液、3.95%吗啉胍·三氮唑核苷可湿性粉剂800～1000倍液等。兑水喷雾，视病情每5～7天防治1次。

【提示】 在黄瓜病毒病发生时，取新鲜牛奶1份，加水6～8份，选晴天上午8：00～10：00喷雾，重病株每隔2～3天、轻病株每隔4～5天喷1次，连喷3次，可钝化病毒，减轻病害。

第二节　黄瓜主要非侵染性病害的诊断与综合防治技术

1. 畸形瓜

【病因及症状】

1）弯曲瓜。长果型品种易形成弯曲瓜，严重时失去商品价值。弯曲瓜的产生多与营养不良、水分供应不当、植株细弱有关，尤其在高温或昼夜温差过大、过小，光照少的条件下易发生（彩图 23）。

2）尖嘴瓜。果柄附近粗，先端细。单性结实力低的品种受精不良、植株营养不良时易形成尖嘴瓜（彩图 24）。

3）细腰瓜。果柄基部和顶端正常，瓜条中间部分缢缩。营养和水分供应不均衡造成瓜条同化物质积累不均匀产生细腰瓜（彩图 25）。

4）大肚瓜。瓜条前端部分肥大，中间及基部反而变细。雌花受粉不充分，受粉先端肥大，植株营养不足，浇水不均，中间及基部发育迟缓形成大肚瓜（彩图 26）。

【防治方法】

1）品种选择。依栽培季节的不同选择相应品种。春茬可选择中农 5 号、津春 2 号、828 等，秋冬茬选择津杂 2 号、秋棚 1 号、农大 14 号等，越冬茬选择津春 3 号、津研 6 号等。

2）发现畸形瓜时及早摘除，以降低营养消耗。

3）注意棚室内温、湿度的调节，肥水供应要及时均衡，避免发生生理干旱现象。

4）结瓜后期叶面喷施 0.20% 磷酸二氢钾或 0.50% 尿素溶液，有利于果实膨大。

2. 苦味瓜

【病因及症状】　因苦味素在黄瓜中含量过高造成。黄瓜氮、磷、钾适宜吸收比例为 5∶2∶6，氮肥施用过量，棚内温度过高，植株徒长，地温长时间低于 13℃，根系吸收养分和水分受抑，植株营养失调，病弱株易出现苦味瓜。

【防治方法】

1）氮、磷、钾配方施肥。

2）及时浇水，防止干旱；控制温度，避免高温、低温出现；阴天光照不足时补充光照，可采用棚墙涂白、挂反光膜、反光镜等措施。

3）苦味具有遗传性，叶色深绿的苦味瓜多，对品种要有所选择。

4）叶面经常喷洒磷酸二氢钾、绿风95等营养调节剂可减少苦味瓜的出现。

3. 化瓜

【病因及症状】 连阴天、光照弱、密度过大、透光不良、高温或低温导致雌花发育不良，雌花未开或开花后子房不膨大，瓜条在长至2~5cm时停止生长，接着萎蔫脱落，称为化瓜（彩图27）。

【防治方法】 控制温度，白天适温、适湿，温度一般控制在25~30℃，夜间15℃左右；合理密植；阴天低温时，可喷施叶面肥；适当通风，进行二氧化碳施肥；加强肥水管理和病虫防治。

4. 低温障碍

【病因及症状】 黄瓜在生长发育过程中，遭遇低于其生育适温时间过长或短期低温，均易导致黄瓜发生生理障碍，造成生长发育延迟，有时甚至发展成冷害，植株虽能恢复生长但造成减产。主要表现在：①播种后遇气温、地温过低，种子发芽和出苗会延迟，出苗后苗弱、苗黄，易发生猝倒病、立枯病，地温长时间低于12℃，易发沤根、根尖变黄，地上部停止生长。②生长季棚室内夜温长时间低于5℃，黄瓜生长出现停滞，幼苗萎蔫，叶缘枯黄，花芽分化不良，同时诱发黑星病、灰霉病等病害，结瓜少而小（彩图28）。

【防治方法】

1）选用幼苗生长快的耐低温品种，北方地区棚室生产可选用津春3号、新泰密刺、长春密刺等品种，并通过嫁接，提高抗寒能力。

2）重施充分腐熟的有机肥，科学地安排好播种期和定植期，春季定植时选择冷空气过后回暖的天气。

3）播种后种子萌动时，室温应保持25～30℃，出苗后白天保持25℃，夜间应高于15℃。当外界气温在17℃以上时，提早揭膜炼苗，低温锻炼同时干旱蹲苗，但蹲苗不宜过度，否则会影响缓苗和正常发育。

4）采取多层覆盖有效保温防冻。

5. 花打顶

【病因及症状】 早春、秋延后茬或冬春茬栽培黄瓜苗期至结瓜初期常会出现植株顶端不形成心叶而出现多花抱头现象，生长点形成雌花和雄花间杂的花簇，植株停止生长，造成严重减产。花打顶原因有以下4个方面。

1）定植穴或沟内施肥过量，定植后浇水不及时，田间持水量小于22%，土壤溶液浓度高，根系吸收困难致植株顶端发生花打顶。

2）棚室地温长期低于10℃，田间持水量高于25%，土壤潮湿，根系生长受到抑制形成沤根，而出现花打顶。

3）夜间温度偏低。夜温低于10℃，白天叶片光合作用形成的同化物质在夜间转运缓慢，长久积累致使叶片变为深绿色，植株矮小出现营养障碍而形成花打顶。

4）少量瓜苗在移栽时植株根系受到伤害，长期未能得到恢复，养分吸收受抑而出现花打顶（彩图29）。

【防治方法】

1）肥料烧根引起的花打顶，应及时浇水，使土壤持水量达到22%，浇水后及时中耕，保持适宜的土壤水分，可促其恢复正常。

2）因沤根出现花打顶时要停止浇水，及时中耕，设法提高地温保持在10℃以上，必要时扒沟晒土，降低土壤含水量。摘除下部已结小瓜，保秧促根，逐渐恢复正常发育后再转为平常管理。

3）夜温过低时，应采取措施维持前半夜室温15℃4～5h，下半夜降至10℃左右即可。

4）地膜覆盖的，追冲液肥时，避免中耕伤根。

第三节 黄瓜主要虫害的综合防治技术

1. 美洲斑潜蝇

【为害特点】 美洲斑潜蝇属潜蝇科斑潜蝇属。我国大部分地区均有分布，可为害130多种蔬菜，其中瓜类、茄果类、豆类蔬菜受害较重。对叶片的危害率可达10%～80%，常造成瓜菜减产、品质下降，严重时甚至绝收。

【危害与诊断】 主要以幼虫钻叶为害。幼虫在叶片上下表皮间蛀食，造成由细变宽的蛇形弯曲隧道，多为白色，隧道相互交叉，逐渐连接成片，严重影响叶片光合作用。成虫刺吸叶片汁液，形成近圆形白色小点。

成虫体长1.3～2.3mm，浅灰黑色，胸背板亮黑色，体腹面黄色。卵呈米色，半透明，较小。幼虫，蛆状，乳白至金黄色，长3mm。蛹长2mm，椭圆形，橙黄色至金黄色，腹面稍扁平。成虫具有趋光性、趋绿性、趋化性和趋黄性，有一定飞翔能力（彩图30）。

【发生规律】 美洲斑潜蝇在北方地区1年发生8～9代，冬季露地不能越冬，南方可发生14～17代。发生期多为4～11月，5～6月和9～10月中旬是两个发生高峰期。

【防治方法】

1）农业措施。及时清除田间杂草、残株、减少虫源。定植前深翻土地，将地表蛹埋入地下。发生盛期增加中耕和浇水，破坏化蛹，减少成虫羽化。田间悬挂30cm×50cm粘虫黄板诱杀成虫。利用姬小蜂、反颌茧蜂、潜蝇茧蜂等寄生蜂进行生物防治。合理轮作、套作。

2）药剂防治。发生盛期棚室内可采用10%敌敌畏烟熏剂、15%吡·敌畏、10%灭蚜烟熏剂、10%氰戊菊酯等烟熏剂防治，每次用量0.30～0.50kg/亩。或选用0.5%甲氨基阿维菌素苯甲酸盐乳油 2000～3000 倍液、1.8% 阿维菌素乳油 2000～3000 倍液、20% 甲维·毒死蜱乳油 3000～4000 倍液、1.8% 阿维·啶虫脒微乳剂 3000～4000 倍液、50% 灭蝇胺可湿性粉剂 2000～3000 倍液、52.25% 农地乐乳油 1000～1500 倍液、5% 氟虫脲乳油 1000～1500 倍液等，兑水喷雾，视病情每隔 7 天防治 1 次，连续防治 2～3 次。

【注意】 防治斑潜蝇幼虫应在其低龄时用药，即多数虫道长度在 2cm 以下时效果较好，幼虫 3 龄期后防治效果较差。防治成虫，宜在早晨或傍晚等其大量出现时用药。

2. 白粉虱

【为害特点】 白粉虱又名小白蛾子。属同翅目粉虱科。是北方棚室蔬菜栽培过程中普遍发生的虫害，可为害几乎所有的蔬菜类型，也是病毒病等多种病害的传播媒介。

【危害与诊断】 粉虱成虫或若虫群集以锉吸式口器在黄瓜叶背面吸食汁液，致使叶片褪绿变黄、萎蔫。其分泌的大量蜜露可污染叶片和果实，诱发煤污病，造成黄瓜减产或商品利用价值下降。成虫体长 1.0～1.5mm，浅黄色，翅面覆盖白色蜡粉。卵为长椭圆形，长约 0.2mm，基部有卵柄，柄长 0.02mm，从叶背气孔插入叶片组织中取食。初产时浅绿色，覆有蜡粉，而后渐变褐色，孵化前呈黑色。若虫体长为 0.29～0.8mm，长椭圆形，浅绿色或黄绿色，足和触角退化，紧贴在叶片上营固着生活。4 龄若虫又称伪蛹，体长为 0.7～0.8mm，椭圆形，初期体扁平，逐渐加厚，中央略高，黄褐色，体背有长短不齐的蜡丝，体侧有刺（彩图 31）。

【发生规律】 白粉虱在北方温室内 1 年发生 10 余代，周年发生，无滞育和休眠现象，冬天在室外不能越冬。成虫羽化后 1～3 天可交配产卵，也可进行孤雌生殖，其后代为雄性。成虫有趋嫩性，在植株打顶以前，成虫总是随着植株的生长不断追逐顶部嫩叶产卵，虱卵以卵柄从气孔插入叶片组织中，与寄主植物保持水分平衡，极不易脱落。若虫孵化后3天内在叶背可作短距离游走，当口器插入叶组织后即失去爬行机能，开始营固着生活。白粉虱繁殖适温为18~21℃，温室条件下约1个月完成1代。冬季结束后由温室通风口或随种苗移栽迁飞至露地，因此人为因素可促进白粉虱的传播蔓延。其种群数量由春至秋持续发展，夏季高温多雨对其抑制作用不明显，秋季数量达高峰，集中为害瓜类、豆类和茄果类蔬菜。北方棚室栽培区在7、8月露地密度较大，8、9月为害严重，10月下旬后随气温下降逐渐向棚室内迁飞为害或越冬。

【防治方法】

1）农业措施。棚室通风口处加装防虫网，及时拔除杂草、残株等。积极推行物理防治和生物防治方法。

2）物理防治方法。在温室黄瓜上方张挂30cm×50cm粘虫黄板（每亩20~30张），高度与植株顶端平齐或略高为宜，悬挂方向以板面东西向为佳。

3）生物方法。可在棚室内放养丽蚜小蜂等天敌防治白粉虱。具体方法是黄瓜定植后1周左右，初期可按照3头/m^2的标准，撕开悬挂钩将卵卡悬挂于植株下部，根据虫害发生情况，每7天1次，持续释放3~4次直至虫害得以控制为止。具体方法参照卵卡说明书进行。

4）药剂防治。虫害发生初期用下列药剂防治：棚室可采用10%敌敌畏烟熏剂、15%吡·敌畏、10%灭蚜烟熏剂、10%氰戊菊酯等烟熏剂防治，每次用量0.30~0.50kg/亩。或采用10%吡虫啉1500~2000倍液、25%噻嗪酮可湿性粉剂1000~2000倍液、240g/L螺虫乙酯悬浮剂4000~5000倍液、25%噻虫嗪水分散粒剂6000~8000倍液、2.5%联苯菊酯乳油2000~2500倍液、3%啶虫脒乳油2000~3000倍液、48%毒死蜱乳油2000~3000倍液、10%氯氰菊酯乳油2500~3000倍液等。兑水喷雾，视虫情每7天左右防治1次，连续防治2~3次。

【提示】 防治白粉虱时，喷药时间最好在早晨露水未干时进行，中午、下午由于白粉虱翅膀干燥，便于飞翔，不易喷其体。

3. 蚜虫

【为害特点】 蚜虫又称蜜虫、腻虫等，多属于同翅目蚜科，为刺吸式口器的害虫，常群集于叶片、嫩茎、花蕾、顶芽等部位，刺吸汁液，使叶片皱缩、卷曲、畸形，严重时引起枝叶枯萎甚至整株死亡。蚜虫分泌的蜜露还会诱发煤污病、病毒病并招来蚂蚁为害等。

【危害与诊断】 成虫和若虫主要在叶片背面或幼嫩茎蔓、花蕾和嫩梢上以刺吸式口器吸食汁液。嫩叶和生长点受害后，叶片卷缩，生长停滞。功能叶片受害后提前枯黄，叶片功能期缩短，导致减产。无翅孤雌蚜体长1.5~1.9mm，夏季多为黄色，春秋为墨绿色至蓝黑色。有翅孤雌蚜体长1.2~1.9mm，头、胸黑色。无翅胎生蚜体长1.5~1.9mm，夏季黄色、黄绿色，春秋季墨绿色。有翅胎生蚜体黄色、浅绿色或深绿色。若蚜黄绿色至黄色，也有蓝灰色的（彩图32）。

【发生规律】 华北地区每年发生10多代，长江流域20~30代。以卵在越冬寄主或以成虫、若虫在保护地内越冬繁殖。第二年春季6℃以上时开始活动，北方地区于4月底有翅蚜迁飞到露地蔬菜等植物上繁殖为害，秋末冬初又产生有翅蚜迁入保护地。春、秋季和夏季分别为10天左右和4~5天繁殖1代。繁殖适温为16~20℃，北方地区气温超过25℃，南方超过27℃，相对湿度75%以上不利于其繁殖。

【防治方法】

1）农业措施。棚室通风口处加装防虫网，及时拔除杂草、残株等。积极推行物理防治和生物防治方法，参考白粉虱防治方法。

2）药剂防治。棚室可采用10%敌敌畏烟熏剂、15%吡·敌畏、10%灭蚜烟熏剂、10%氰戊菊酯等烟熏剂防治，每次用量0.30～0.50kg/亩。虫害发生初期可用白僵菌400～600液喷施，3～4天防治1次。或采用10%吡虫啉可湿性粉剂1500～2000倍液、70%吡虫啉水分散粒剂6000～8000倍液、3%啶虫脒乳油2000～3000倍液、240g/L螺虫乙酯悬浮剂4000～5000倍液、25%噻虫嗪水分散粒剂6000～8000倍液、50%抗蚜威可湿性粉剂2000～3000倍液、10%氯噻啉可湿性粉剂2000～3000倍液、20%氰戊菊酯乳油2000倍液、48%毒死蜱乳油3000倍液、2.5%三氟氯氰菊酯乳油3000～4000倍液、3.2%烟碱川楝素水剂200～300倍液、1%苦参素水剂800～1000倍液等。兑水喷雾，视虫情每7～10天防治1次。

4. 蓟马

【为害特点】 属缨翅目，蓟马科。目前在我国大部分地区均有分布，主要为害瓜类、茄果类和豆类蔬菜等。

【危害与诊断】 蓟马以锉吸式口器吸食黄瓜嫩梢、嫩叶、花及果实的汁液。叶片受害易褪绿变黄，扭曲上卷，心叶不能正常展开。嫩梢等幼嫩组织受害，常枝叶僵缩，生长缓慢，出现丛生现象或老化坏死，幼瓜畸形等。

成虫体长1.0mm，金黄色。头近方形，复眼稍突出。单眼3只，红色，排成三角形。单眼间鬃间距较小，位于单眼三角形连线外缘。触角7节，翅2对，腹部扁长。卵长椭圆形，白色透明，长约0.02mm。若虫3龄，黄白色（彩图33）。

【发生规律】 蓟马在南方地区每年发生11～20代，北方地区可发生8～10代。保护地内可周年发生，世代重叠。以成虫潜伏在土块、土缝下或枯枝落叶间越冬，少数以若虫越冬。温度和土壤湿度对蓟马发育影响显著，其正常发育的温度范围为15～32℃，土壤含水量以8%～18%最为适宜，较耐高温，夏秋两季发生严重。该虫具有迁飞性、趋蓝性和趋嫩性，活跃、善飞、怕光，多在结瓜嫩梢或幼瓜的毛丛中取食，少数在叶背为害。雌成虫有孤雌生殖能力，卵散产于植物叶肉组织内。若虫怕光，到3龄末期停止取食，落土化蛹。

【防治方法】

1）农业措施。清除田间杂草、残株，消灭虫源。提倡地膜覆盖栽培，减少成虫出土或若虫落土化蛹。

2）物理防治。发生初期采用粘虫蓝板诱杀。在温室黄瓜上方张挂 30cm×40cm 粘虫蓝板（每亩 20 张），高度与植株顶端平齐或略高为宜，悬挂方向以板面东西向为佳。

3）生物防治方法。棚室栽培可考虑人工放养小花蝽、草蛉等天敌进行生物防治。

4）药剂防治。参考蚜虫的药剂防治方法。

5. 朱砂叶螨

【为害特点】 属真螨目，叶螨科。主要为害瓜类、茄果类、葱蒜类蔬菜。在我国各地均有发生，是黄瓜生产上的一种重要虫害。

【危害与诊断】 以成螨或若螨在叶背面刺吸汁液为害，叶面出现灰白色或浅黄色小点，叶片扭曲畸形或皱缩，严重时呈沙状失绿，干枯脱落。雌成螨体长 0.4～0.5mm，椭圆形，锈红色或深红色。体背两侧有暗斑，背上有 13 对针状刚毛。雄成螨体长 0.4mm，长圆形，绿色或橙黄色，较雌螨略小，腹末略尖。卵圆形，橙黄色，产于丝网之上。

【发生规律】 北方地区每年发生 12～15 代，长江流域 15～18 代。以雌成螨和其他虫态在落叶下、杂草根部、土缝里越冬。第二年 4～5 月迁入菜田为害，6～9 月陆续发生，其中 6～7 月发生严重。成螨在叶背吐丝结网，栖于网内刺吸汁液，产卵。朱砂叶螨有孤雌生殖习性，成、若螨靠爬行或吐丝下垂近距离扩散，借风和农事操作远距离传播。有趋嫩习性，一般由植株下部向上为害。温度 25～30℃，相对湿度 35%～55% 最有利于该虫害发生流行。

【防治方法】

1）农业措施。及时清除棚室内外杂草、枯枝败叶，减少虫源。有条件的地区可人工放养天敌捕食螨进行生物防治。

2）药剂防治。发现朱砂叶螨在田间为害时采用下列药剂防治：5%噻螨酮乳油1500～2000倍液、20%双甲脒乳油2000～3000倍液、1.8%阿维菌素乳油2000～3000倍液、40%联苯菊酯乳油2000～3000倍液、15%哒螨灵乳油2000～3000倍液、30%嘧螨酯悬浮剂2000～4000倍液、73%炔螨特乳油2000～3000倍液、1.2%烟碱·苦参碱乳油1000～2000倍液等，兑水喷雾，视虫情每7～10天防治1次。

【提示】 噻螨酮无杀成虫作用，因此应在朱砂叶螨发生初期使用，并与其他杀螨剂配合使用。

第十章
黄瓜高效栽培实例

实例一

李×是山东莱阳人，20 世纪 90 年代中期开始种植黄瓜，经过近 20 年的不断摸索实践与经验总结，他已经成为一位远近闻名的黄瓜种植能手，现在他种植的黄瓜总面积达 7000m^2，一年种植春茬和夏秋茬两茬黄瓜，每年能获得黄瓜产量近 125000kg，扣除农药、化肥、劳动用工等成本外，一年下来可获得纯收入 18 多万元。当我们向他询问起黄瓜种植成功的经验时，他神秘地笑着说："12 个字——好品种、好技术、高投入、精管理"。

1. 好品种是丰收的前提

早春茬主要以生产白黄瓜为主，品种为天津白叶三，该品种果型小，粗细均匀一致，脆嫩爽口，深受市场欢迎。上市以来市场价一直居高不下，批发价在 3 ~7 元/kg，其中以 4.0 元/kg 的价格持续了 3 个多月。该品种采收期长达 5 个月以上，产量稳定而较高，丰产性好，抗病性强，平均亩产 4000kg 左右。

2. 好技术是丰收的基础

平时他经常走访农技科普人员、蔬菜专家和有经验的菜农，向他们虚心请教种菜技术；另外自己还购买了许多蔬菜种植的书籍，认真学习新技术新理论，并将其不断运用到实践中，加以应用和推广，黄瓜嫁接栽培具有抗病、高产、长势好、收获期长等优势。采用嫁接技术，解决了黄瓜气温低时的生产难题，提高了黄瓜抗病、抗逆性。于是他大胆尝试并掌握了该项技术，取得了丰厚的经济效益。他每天都去大棚作详细记录，包括天气情况、拱棚内温湿度、黄瓜的生长及防病治虫等情况。他坚持每天再忙也要写“种菜记录”。正是靠着这股韧劲，让他摸索出了一套自己特有的种植经验。

3. 高投入是丰收的保障

李×始终坚信，只有高投入才能高产出，投资大，产量高，效益大，回报率就高。他种植黄瓜坚持有机肥与化肥同步施用，以有机肥为主，在大量施用有机肥提高土壤的缓冲能力的基础上施用较多的速效化肥。施用化肥要配合浇水进行，坚持少量多次的原则。在气温低时用地膜覆盖，架设小拱棚，并用保温被或草苫加盖用以保暖。大棚内采用的基肥以有机肥、硅钙肥为主，以重施有机肥，配施微肥，合理施用冲施肥为原则，达到了改良土壤、提高产量的功效。

4. 精管理是丰收的关键

俗话说：三分种七分管，要种好蔬菜，关键在于管理。一天当中的大部分时间，李×和他的妻子都在大棚里度过，观察蔬菜长势，发现问题及时采取措施，不管是育苗，还是施肥用药防病，每个细节都不放松。大棚内的黄瓜苗，每隔几天就要摸一遍，其中的艰辛和汗水是常人难以想象的。

管理技术上严格每一项操作。一是控温控湿上严把关，无论是阴天、雨天都要通风排湿，低温期间下午4：00前盖草苫，早上10：00前揭草苫。阴天不浇水、不施肥、不喷药。二是随水追施腐熟的鸡粪，加适量微量元素，每次追300kg左右鸡粪，严格控制浇水量，始终保持棚内湿度在60%~70%之间，在结果盛期每10天浇1次水，一般是两次水追1次肥。三是随时观察植株的变化，如始花节位的高低、节间长短、叶色的深浅等。控制夜温，减少呼吸消耗，促进雌花发育等。

在病虫害防治方面，根据病虫害的发生特点、消长规律，并且结合气候特点，以预防为主，这一段按照惯例容易发生什么病就喷施预防什么病的药，如4月低温高湿情况下容易发生灰霉病就提前喷施防治黄瓜灰霉病的药，5月高温高湿的情况下，容易发生霜霉病就喷预防霜霉病的药，不同时期预防不同的病虫，同时通过采用农业措施、加强田间管理、控温控湿等搞好综合防治。发现病叶时准确判断，对症下药及时防治，及时清除病叶老叶，同时增加营养，提高植株抗病能力。使用防效高、成本低、无公害的自制生物农药和生物肥料，如定期给黄瓜喷施牛奶和葡萄糖、醋、追施豆腐渣等既节约成本又达到无公害目的的肥料。由于他们管理得当，防治及时，使黄瓜霜霉病、灰霉病、细菌性角斑病等不会对黄瓜丰产造成大的影响和损失，经济效益连年提高。

实例二

徐×是山东寿光人，他主要从事温室黄瓜生产，他们夫妇两人管理6亩日光温室，如蘸瓜、掐须、落蔓等生产关键环节忙不过来则雇工帮忙，温室黄瓜已经实现周年生产，一年生产两季，年产商品瓜近125000kg，年均收入30万元，成为远近闻名的黄瓜种植能手。他种植黄瓜致富的主要经验如下。

1. 市场是种植茬口和品种的导向

寿光市是我国著名的蔬菜之乡，建有长江以北最大的蔬菜产品、种苗物流园，是全国蔬菜产品的集散地，农业部在此设有蔬菜价格监测点，因此蔬菜流通和需求信息丰富。徐×认为：首先，种菜先要有市场，盲目生产极易导致价格波动或者滞销，事实上盲目生产导致的菜贱伤农现象在各地均有不同程度的存在。温室生产投入多，有较高的蔬菜价格才能保证效益。另一方面要牢牢把握市场动向，摸清收菜商户喜好的黄瓜品种。如果品种不对市场，很有可能出现黄瓜大丰收，但市场不收购的现象，这样造成的损失巨大，因此要选择那些抗逆性强、产量高和符合市场销路的黄瓜品种。徐×的窍门一是经常与收购商和种苗公司沟通交流，二是在温室里进行主栽黄瓜生产的同时，留出一两畦播种新品种，通过对比确定品种的更新换代。

2. 管理要精细，舍得下功夫，才有好产出

温室黄瓜生产病害发生较多，在及时用药防治的同时，加强植株的抗病抗逆能力，更是防治病害的重要工作。首先，拉大昼夜温差，促进营养物质积累。其次，加强根系养护，保障营养吸收。黄瓜的根系较浅，受地温、水肥等环境影响较大，所以降温后肥水管

理尤为小心。由于水的热容量大，浇水后会造成土壤温度急剧下降，所以冬季浇水要在晴天进行，水量不宜过大，可促使地温快速恢复。同时肥料使用上也应注意使用养根生根性的肥料。尤其是采瓜期间追施沼液肥对于瓜类蔬菜生根养根，活化土壤有益微生物菌群效果很好。最后，养护叶片，减少病害侵入，低温季节应注意叶面补充营养，追施生物菌肥，可增强植株的抗逆能力。可以叶面喷施全营养的叶面肥、甲壳素等，以补充叶面营养，促进叶绿素合成，提高光合效率。

3. 多读书，多学习，掌握最新信息

多阅读关于种植技术的相关书籍、杂志和报纸，学习先进技术，掌握市场前沿信息，提高种植效益。

实例三

张×是山东寿光人，80后人，主要从事温室黄瓜套作苦瓜生产，他们夫妇两人管理4亩日光温室，秋冬季生产黄瓜，春夏季生产苦瓜，6~8月则“歇棚”。在冬季黄瓜落蔓、掐老叶等生产关键环节忙不过来则雇工帮忙，年均收入约20万元，成为远近闻名的黄瓜、苦瓜种植能手。他种植黄瓜致富的主要经验如下。

1. 掌握黄瓜育苗定植期，实现黄瓜苦瓜双丰收

张×所在的乡镇基本进行日光温室黄瓜苦瓜套作栽培，因此掌握黄瓜适当种植时期非常重要。农历腊月是蔬菜价格上涨时期，如果黄瓜定植过早，进入腊月中期黄瓜产量已经大不如前，而苦瓜还未结果，会影响收益；如果黄瓜定植过晚，进入正月黄瓜生长正值旺期，随价格下跌却不舍得拔掉，造成苦瓜结瓜很少，同样影响收益。因此要因地制宜，选择好定植期，实现双丰收。

2. 掌握市场信息，选择好品种

在选择品种上，一是注意选择抗病性强、耐低温的品种，二是其品种要适合市场发展。张×所在乡镇基本上每个村都有收购市场，菜农摘瓜后可以直接去村里市场上卖掉。因此要注意市场动向，尽量种植市场上受欢迎的销路好的品种。否则，生产出来的菜没有销路，就谈不上效益了。

3. 合理“菜—作”轮作，克服黄瓜连作障碍

黄瓜不耐重茬，常年温室连作易导致土传病害多发，大量施用农药则存在农药残留。张×经多年摸索，发现每年6~8月盛夏季节，温室黄瓜种植效益下降时改种生长期短的甜玉米、糯玉米等作物，可有效减少病虫害损失，种植效益不降反升，自己也可得到一段时间的相对休闲。在一些设施产区种植一二十年的老温室、老大棚实行“菜—花”“菜—作”轮作模式值得提倡和推广。

4. 精细管理，多交流学习先进栽培技术

在病虫害防治方面张×很有一套，他善于学习，还订阅了当地的蔬菜报，经常关注一些黄瓜种植的技术、病虫害发生的特点及防治措施、促进生长的小窍门等，并将其应用于实践。平日里坚持每天再忙也要写“种菜记录”。在日常管理中严格按照无公害蔬菜生产要求，杜绝国家禁止的高毒高残留的农药，偏向使用植物源农药、微生物菌肥等。根据病虫害的发生消长规律，结合气候特点，不同时期不同天气预防不同的病虫，如阴雨天过后及时通风除湿，认真观察植株生长状况，预防病虫害发生。一旦发现病虫害的苗头，立即用药，将病害扼杀在摇篮中，将损失降到最小。在6~8月下旬最热的时节，将棚深翻，撒施有机肥，闷棚，以杀死线虫等顽固性土传病害，张×夫妇在此时也可以放松休息。所以，张×夫妇虽然年轻，但种植黄瓜、苦瓜的经验丰富，收入颇丰，许多菜农慕名去他的温室参观、学习、交流。

附　录

附录 A　蔬菜生产常用农药通用名及商品名称对照表

通用名		商品名	用途
杀虫剂类	阿维菌素	爱福丁、阿维虫清、虫螨光、齐螨素、虫螨克、灭虫灵、螨虫素、虫螨齐克、虫克星、灭虫清、害极灭、7051 杀虫素、阿弗菌素、阿维兰素、爱螨力克、阿巴丁、灭虫丁、赛福丁、杀虫丁、阿巴菌素、齐墩螨素、剂墩霉素	广谱杀虫剂，防治棉铃虫、斑潜蝇、十字花科蔬菜害虫、螨类
	氯氟氰菊酯	功夫、三氟氯氰菊酯、PP321 等	防治棉铃虫、棉蚜、小菜蛾
	甲氰菊酯	灭扫利、杀螨菊酯、灭虫螨、芬普宁等	虫螨兼治，用于棉花、蔬菜、果树的害虫
	联苯菊酯	天王星、虫螨灵、三氟氯甲菊酯、氟氯菊酯、毕芬宁	防治蔬菜粉虱
	丁硫克百威	好年冬、丁硫威、丁呋丹、克百丁威、好安威、丁基加保扶	用于防治棉蚜、红蜘蛛、蓟马
	吡虫啉	蚜虱净、一遍净、大功臣、咪蚜胺、艾美乐、一扫净、灭虫净、扑虱蚜、灭虫精、比丹、高巧、盖达胺、康福多	主要用于防治刺吸式口器害虫，如蚜虫、飞虱、粉虱、叶蝉、蓟马

（续）

通用名		商品名	用途
杀虫剂类	噻螨酮	尼索朗、除螨威、合赛多、已噻唑	对同翅目的飞虱、叶蝉、粉虱及介壳虫害虫有良好的防治效果，对某些鞘翅目害虫和害螨也具有持久的杀幼虫活性
	噻嗪酮	扑虱灵、优乐得、灭幼酮、亚乐得、布芬净、稻虱灵、稻虱净	为对鞘翅目、部分同翅目及蜱螨目具有持效性杀幼虫活性的杀虫剂。可有效地防治马铃薯上的大叶蝉科害虫；蔬菜上的粉虱科害虫
	哒螨灵	哒螨酮、扫螨净、速螨酮、哒螨净、螨必死、螨净、灭螨灵	可用于防治多种食植物性害螨。对螨的整个生长期即卵、幼螨、若螨和成螨都有很好的防治效果
	双甲脒	螨克、果螨杀、杀伐螨、三亚螨、胺三氮螨、双虫脒、双二甲脒	适用于各类作物的害螨。对同翅目害虫也有较好的防效
	倍硫磷	芬杀松、番硫磷、百治屠、拜太斯、倍太克斯	防治菜青虫、菜蚜
	稻丰散	爱乐散、益尔散等	防治蚜虫、菜青虫、蓟马、小菜蛾、斜纹夜蛾、叶蝉
	二嗪磷	二嗪农、地亚农、大利松、大亚仙农等	用于控制大范围作物上的刺吸式口器害虫和食叶害虫
	乙酰甲胺磷	杀虫磷、杀虫灵、益土磷、高灭磷、酰胺磷、欧杀松	适用于蔬菜、茶叶、烟草、果树、棉花、水稻、小麦、油菜等作物，防治多种咀嚼式、刺吸式口器害虫和害螨

（续）

通用名		商品名	用途
杀虫剂类	杀螟硫磷	速灭虫、杀螟松、苏米松、扑灭松、速灭松、杀虫松、诺发松、苏米硫磷、杀螟磷、富拉硫磷、灭蛀磷等	广谱杀虫剂，对鳞翅目幼虫有特效，也可防治半翅目、鞘翅目等害虫
	虫螨腈	除尽、溴虫腈等	防治小菜蛾、菜青虫、甜菜夜蛾、斜纹夜蛾、菜螟、菜蚜、斑潜蝇、蓟马等多种蔬菜害虫
	苏云金杆菌	苏力菌、灭蛾灵、先得力、先得利、先力、杀虫菌1号、敌宝、力宝、康多惠、快来顺、包杀敌、菌杀敌、都来施、苏得利	可用于防治直翅目、鞘翅目、双翅目、膜翅目，特别是鳞翅目的多种害虫
	除虫脲	灭幼脲1号、伏虫脲、二福隆、斯代克、斯盖特、敌灭灵等	主要用于防治鳞翅目害虫，如菜青虫、小菜蛾、甜菜夜蛾、斜纹夜蛾、金纹细蛾、黏虫、茶尺蠖、棉铃虫、美国白蛾、松毛虫、卷叶蛾、卷叶螟等
	灭幼脲	苏脲1号、灭幼脲3号、一氯苯隆等	防治桃树潜叶蛾、茶黑毒蛾、茶尺蠖、菜青虫、甘蓝夜蛾、小麦黏虫、玉米螟及毒蛾类、夜蛾类等鳞翅目害虫
	氟啶脲	抑太保、定虫隆、定虫脲、克福隆、IKI7899等	防治十字花科蔬菜的小菜蛾、甜菜夜蛾、菜青虫、银纹夜蛾、斜纹夜蛾、烟青虫等；茄果类及瓜果类蔬菜的棉铃虫、甜菜夜蛾、烟青虫、斜纹夜蛾等；豆类蔬菜的豆荚螟、豆野螟

（续）

通用名		商品名	用途
杀虫剂类	抑食肼	虫死净	对鳞翅目、鞘翅目、双翅目等害虫，具良好的防治效果
	多杀霉素	菜喜、催杀、多杀菌素、刺糖菌素	防治蔬菜小菜蛾、甜菜夜蛾、蓟马
	S-氰戊菊酯	来福灵、强福灵、强力农、双爱士、顺式氰戊菊酯、高效氰戊菊酯、高氰戊菊酯、霹杀高	防治菜青虫、小菜蛾，于幼虫3龄期前施药。豆野螟于豇豆、菜豆开花盛期、卵孵盛期施药
	氯氰菊酯	安绿宝、赛灭灵、赛灭丁、桑米灵、博杀特、绿氰全、灭百可、兴棉宝、阿锐可、韩乐宝、克虫威等	防治菜蚜、蓟马、棉铃虫、菜青虫
	顺式氯氰菊酯	高效灭百可、高效安绿宝、高效氯氰菊酯、甲体氯氰菊酯、百事达、快杀敌等	防治菜蚜、菜青虫、小菜蛾幼虫、豆卷叶螟幼虫
	氟氯氰菊酯	百树得、百树菊酯、百治菊酯、氟氯氰醚酯、杀飞克	防治棉铃虫、烟芽夜蛾、苜蓿叶象甲、菜粉蝶、尺蠖、苹果蠹蛾、菜青虫、美洲黏虫、马铃薯甲虫、蚜虫、玉米螟、地老虎等害虫
	氯菊酯	二氯苯醚菊酯、苄氯菊酯、除虫精、克死命、百灭宁、百灭灵等	可用于蔬菜、果树等作物，防治菜青虫、蚜虫、棉铃虫、棉红铃虫、棉蚜、绿盲蝽、黄条跳甲、桃小食心虫、柑橘潜叶蛾、二十八星瓢虫、茶尺蠖、茶毛虫、茶细蛾等多种害虫

附录

（续）

通用名		商品名	用途
杀虫剂类	溴氰菊酯	敌杀死、凯素灵、凯安保、第灭宁、敌卞菊酯、氰苯菊酯、克敌	防治各种蚜虫、棉铃虫、棉红铃虫、菜青虫、小菜蛾、斜纹夜蛾、甜菜夜蛾、黄守瓜、黄条跳甲
	戊菊酯	多虫畏、杀虫菊酯、中西除虫菊酯、中西菊酯、戊酸醚酯、戊醚菊酯、S-5439	防治蔬菜害螨、线虫
	敌百虫	三氯松、毒霸、必歼、虫决杀	可诱杀蝼蛄、地老虎幼虫、尺蠖、天蛾、卷叶蛾、粉虱、叶蜂、草地螟、潜叶蝇、毒蛾、刺蛾、灯蛾、黏虫、桑毛虫、凤蝶、天牛、蛴螬、夜蛾、白囊袋蛾
	抗蚜威	辟蚜雾、灭定威、比加普、麦丰得、蚜宁、望俘蚜	适用于防治蔬菜、烟草、粮食作物上的蚜虫
	灭多威	万灵、快灵、灭虫快、灭多虫、乙肟威、纳乃得	防治蚜虫、蛾、地老虎等害虫
	啶虫脒	吡虫清、乙虫脒、莫比朗、鼎克、NI-25、毕达、乐百农、绿园	防治棉蚜、菜蚜、桃小食心虫等
	异丙威	灭必虱、灭扑威、异灭威、速灭威、灭扑散、叶蝉散、MIPC	对稻飞虱、叶蝉科害虫具有特效，可兼治蓟马和蚂蟥
	丙溴磷	菜乐康、布飞松、多虫磷、溴氯磷、克捕灵、克捕赛、库龙、速灭抗	防治蔬菜、果树等作物上的害虫，对棉铃虫、苹果黄蚜等害虫均有很高的防治效果
	哒嗪硫磷	杀虫净、必芬松、哒净松、打杀磷、苯哒磷、哒净硫磷、苯哒嗪硫磷	可防治螟虫、纵卷叶螟、稻苞虫、飞虱、叶蝉、蓟马、稻瘿蚊等，对棉叶螨有特效

（续）

通用名		商品名	用途
杀虫剂类	毒死蜱	乐斯本、杀死虫、泰乐凯、陶斯松、蓝珠、氯蜱硫磷、氯吡硫磷、氯吡磷	适用果树、蔬菜、茶树上多种咀嚼式和刺吸式口器害虫
	硫丹	硕丹、赛丹、韩丹、安杀丹、安杀番、安都杀芬	广谱杀虫杀螨，对果树、蔬菜、茶树、棉花、大豆、花生等多种作物害虫害螨有良好防效
杀菌剂类	百菌清	达科宁、打克尼太、大克灵、四氯异苯腈、克劳优、霉必清、桑瓦特、顺天星1号	防治果树、蔬菜上锈病、炭疽病、白粉病、霜霉病等
	多菌灵	苯并咪唑44号、棉萎灵、贝芬替、枯萎立克、菌立安	防治十字花科蔬菜菌核病、十字花科蔬菜白斑病、还有大白菜炭疽病、萝卜炭疽病、白菜类灰霉病、青花菜叶霉病、油菜褐腐病、白菜类霜霉病、芥菜类霜霉病、萝卜霜霉病、甘蓝类霜霉病等
	代森锰锌	新万生、大生、大生富、喷克、大丰、山德生、速克净、百乐、锌锰乃浦	防治蔬菜霜霉病、炭疽病、褐斑病、西红柿早疫病和马铃薯晚疫病
	霜脲·锰锌	克露、克抗灵、锌锰克绝	防治霜霉病、疫病，番茄晚疫病，绵疫病，茄子绵疫病，十字花科白锈病，可兼治蔬菜炭疽病，早疫病，斑枯病，黑斑病，番茄叶霉病等
	噁霜·锰锌	杀毒矾、噁霜锰锌	防治蔬菜上的炭疽病、早疫病等多种病害；对黄瓜、葡萄、白菜等作物的霜霉病有特效

（续）

通用名		商品名	用途
杀菌剂类	甲霜灵	甲霜安、瑞毒霉、瑞毒霜、灭达乐、阿普隆、雷多米尔	用于防治蔬菜作物的霜霉病，瓜果蔬菜类的疫霉病
	霜霉威盐酸盐	普力克、霜霉威、丙酰胺	防治青花菜花球黑心病、白菜类霜霉病、甘蓝类霜霉病、芥菜类霜霉病、萝卜霜霉病、青花菜霜霉病、紫甘蓝霜霉病、青花菜霜霉病
	三乙膦酸铝	乙膦铝、疫霉灵、疫霜灵、霜疫灵、霜霉灵、克霜灵、霉菌灵、霜疫净、膦酸乙酯铝、藻菌磷、三乙基膦酸铝、霜霉净、疫霉净、克菌灵	防治蔬菜作物霜霉病，疫病，菠萝心腐病，柑橘根腐病、茎溃病，草莓茎腐病、红髓病
	琥·乙膦铝	百菌通、琥乙膦铝、羧酸磷铜、DTM、DTNZ	防治甘蓝黑腐病，甘蓝细菌性黑斑病，大白菜软腐病，白菜类霜霉病、（萝卜链格孢）黑斑病、假黑斑病
	三唑酮	粉锈宁、百理通、百菌酮、百里通	对锈病、白粉病和黑穗病有特效
	腐霉利	速克灵、扑灭宁、二甲菌核利、杀霉利	适用于果树、蔬菜、花卉等的菌核病、灰霉病、黑星病、褐腐病、大斑病的防治
	异菌脲	扑海因、桑迪恩、依普同、异菌咪	防治多种果树、蔬菜、瓜果类等作物早期落叶病、灰霉病、早疫病等病害
	乙烯菌核利	农利灵、烯菌酮、免克宁	对果树、蔬菜上的灰霉、褐斑、菌核病有良好防效

（续）

通用名		商品名	用途
杀菌剂类	氢氧化铜	丰护安、根灵、可杀得、克杀得、冠菌铜	防治蔬菜作物的细菌性条斑病、黑斑病、霜霉病、白粉病、黑腐病、早疫病、晚疫病、叶斑病、褐斑病、菜豆细菌性疫病、葱类紫斑病、辣椒细菌性斑点病等
	丁戊已二元酸铜	琥珀肥酸铜、琥胶肥酸铜、琥珀酸铜、二元酸铜、角斑灵、滴涕、DT、DT 杀菌剂	防治蔬菜作物软腐病
	络氨铜	硫酸甲氨络合铜、胶氨铜、消病灵、瑞枯霉、增效抗枯霉	防治茄子、甜（辣）椒的炭疽病、立枯病，西瓜、黄瓜、菜豆枯萎病，黄瓜霜霉病，西红柿早疫病、晚疫病，茄子黄叶病
	络氨铜锌	抗枯宁、抗枯灵	用于防治蔬菜作物枯萎病
	抗霉素 120	抗霉菌素、TF-120、农抗 120	用于防治大白菜黑斑病、萝卜炭疽病、白菜白粉病
	多抗霉素	多氧霉素、多效霉素、保利霉素、科生霉素、宝丽安、兴农 606、灭腐灵、多克菌	防治黄瓜霜霉病、白粉病，人参黑斑病，苹果、梨灰斑病以及水稻纹枯病等.
	春雷霉素	加收米、春日霉素、嘉赐霉素	防治黄瓜炭疽病、细菌性角斑病，西红柿叶霉病、灰霉病，甘蓝黑腐病，黄瓜枯萎病
	盐酸吗啉胍·铜	病毒 A、病毒净、毒克星、毒克清	对蔬菜（番茄、青椒、黄瓜、甘蓝、大白菜等）的病毒病具有良好预防和治疗作用
	菌毒清	菌必清、菌必净、灭净灵、环中菌毒清	防治番茄、辣椒病毒病，西瓜枯萎病

（续）

通用名		商品名	用途
杀菌剂类	代森胺	阿巴姆、铵乃浦	防治白菜白粉病、白斑病、黑斑病、软腐病、甘蓝黑腐病，白菜类黑腐病，白菜类根肿病，青花菜黑腐病，紫甘蓝黑腐病
	敌磺钠	敌克松、地可松、地爽	防治蔬菜苗期立枯病、猝倒病，白菜、黄瓜霜霉病，西红柿、茄子炭疽病
	甲基立枯磷	利克菌、立枯磷	用于防治蔬菜立枯病、枯萎病、菌核病、根腐病、十字花科黑根病、褐腐病
	乙霉威	万霉灵、抑菌灵、保灭灵、抑菌威	防治黄瓜、番茄灰霉病，甜菜褐斑病
	硫菌霉威	抗霉威、甲霉灵、抗霉灵	防治蔬菜作物霜霉病、猝倒病、疫病、晚疫病、黑胫病等病害
	多霉威	多霉灵、多霜清、多霉威	防治番茄早疫病和菌核病、黄瓜菌核病、豇豆菌核病、苦瓜灰斑病、菠菜叶斑病、蔬菜作物灰霉病等
	噁醚唑	世高、敌萎丹	防治蔬菜作物黑星病、白粉病、叶斑病、锈病，炭疽病等
	溴菌腈	休菌清、炭特灵、细菌必克	防治炭疽病、黑星病、疮痂病、白粉病、锈病、立枯病、猝倒病、根茎腐病、溃疡病、青枯病、角斑病等
	氟哇唑	福星、农星、杜邦新星、克菌星	防治苹果黑星病、白粉病，谷类眼点病，小麦叶锈病和条锈病除草剂类

（续）

通用名		商品名	用途
除草剂类	甲草胺	灭草胺、拉索、拉草、杂草锁、草不绿、澳特拉索	芽前除草剂，主要杀死出苗前土壤中萌发的杂草，对已出土杂草无效
	乙草胺	禾耐斯、消草胺、刈草安、乙基乙草安	芽前除草剂，防治一年生禾本科杂草和部分小粒种子的阔叶杂草
	仲丁灵	双丁乐灵、地乐胺、丁乐灵、止芽素、比达宁、硝基苯胺灵	防除稗草、牛筋草、马唐、狗尾草等一年生单子叶杂草及部分双子叶杂草
	氟乐灵	茄科灵、特氟力、氟利克、特福力、氟特力	属芽前除草剂，用于防除一年生禾本科杂草及部分双子叶杂草
	二甲戊灵	施田补、除草通、杀草通、除芽通、胺硝草、硝苯胺灵、二甲戊乐灵	防除一年生禾本科杂草、部分阔叶杂草和莎草
	扑草净	扑灭通、扑蔓尽、割草佳	防除一年生禾本科杂草及阔叶草
	嗪草酮	赛克、立克除、赛克津、赛克嗪、特丁嗪、甲草嗪、草除净、灭必净	对一年生阔叶杂草和部分禾本科杂草有良好防除效果，对多年生杂草无效
	草甘膦	农达、镇草宁、草克灵、奔达、春多多、甘氨磷、嘉磷塞、可灵达、农民乐、时拨克	无残留灭生性除草剂，对一年生及多年生杂草都有效
	禾草丹	杀草丹、灭草丹、草达灭、除草莠、杀丹、稻草完	适用于水稻、麦类、大豆、花生、玉米、蔬菜田及果园等防除稗草、牛毛草、异型莎草、千金子、马唐、蟋蟀草、狗尾草、碎米莎草、马齿草、看麦娘等

（续）

通用名		商品名	用途
除草剂类	喹禾灵	禾草克、盖草灵、快伏草	防除看麦娘、野燕麦、雀麦、狗牙根、野茅、马唐、稗草、蟋蟀草、匍匐冰草、早熟禾、法氏狗尾草、金狗尾草等多种一年生及多年生禾本科杂草，对阔叶草无效
	稀禾定	拿捕净、乙草丁、硫乙草灭	防除双子叶作物田中稗草、野燕麦、狗尾草、马唐、牛筋草、看麦娘、白茅、狗芽根、早熟禾等单子叶杂草
植物生长调节剂类	萘乙酸	A-萘乙酸、NAA	促进生根，防止落花落果
	2，4-滴	2，4-D、2，4-二氯苯氧乙酸	防止落花落果
	赤霉素	赤霉酸、奇宝、九二〇、GA_3	提高无籽葡萄产量，打破马铃薯休眠，促进作物生长、发芽、开花结果；能刺激果实生长，提高结实率
	乙烯利	乙烯灵、乙烯磷、一试灵、益收生长素、玉米健壮素、2-氯乙基膦酸、CEPA、艾斯勒尔	促进果实成熟、雌花发育
	丁酰肼	比久、调节剂九九五、二甲基琥珀酰肼、B9、B-995	抑制新枝徒长，缩短节间，增加叶片厚度及叶绿素含量，防止落花，促进坐果，诱导不定根形成，刺激根系生长，提高抗寒力
	矮壮素	三西、西西西、CCC、稻麦立、氯化氯代胆碱	促使植株变矮，杆茎变粗，叶色变绿，可使作物耐旱耐涝，防止作物徒长倒伏，抗盐碱，又能防止棉花落铃，可使马铃薯块茎增大

（续）

通用名		商品名	用途
植物生长调节剂类	甲哌鎓	缩节胺、甲呱啶、助壮素、调节啶、健壮素、缩节灵、壮棉素、棉壮素	对蔬菜等作物具有抑制徒长、促叶片增厚、增强抗逆性、提高坐果率等作用
	多效唑	氯丁唑	抑制秧苗顶端生长优势，促进侧芽（分蘖）滋生。秧苗外观表现为矮壮多蘖，根系发达
杀线虫剂类	溴甲烷	溴代甲烷、一溴甲烷、甲基烷、溴灭泰	用于植物保护作为杀虫剂、杀菌剂、土壤熏蒸剂和谷物熏蒸剂，但在黄瓜上禁用
	棉隆	迈隆、必速灭、二甲噻嗪、二甲硫嗪	土壤消毒剂，能有效地杀灭土壤中各种线虫、病原菌、地下害虫及萌发的杂草种子
杀软体动物剂类	四聚乙醛	密达、蜗牛散、蜗牛敌、多聚乙醛	防治福寿螺、蜗牛、蛞蝓等软体动物
	杀螺胺	百螺杀、贝螺杀、氯螺消	防治琥珀螺、椭圆萝卜螺、蛞蝓
	甲硫威	灭旱螺、灭梭威、灭虫威、灭赐克	防治软体动物

附录B　常见计量单位名称与符号对照表

量的名称	单位名称	单位符号
长度	千米	km
	米	m
	厘米	cm
	毫米	mm

（续）

量的名称	单位名称	单位符号
面积	公顷	ha
	平方千米（平方公里）	km^2
	平方米	m^2
体积	立方米	m^3
	升	L
	毫升	mL
质量	吨	t
	千克（公斤）	kg
	克	g
	毫克	mg
物质的量	摩尔	mol
时间	小时	h
	分	min
	秒	s
温度	摄氏度	℃
平面角	度	(°)
能量，热量	兆焦	MJ
	千焦	kJ
	焦［耳］	J
功率	瓦［特］	W
	千瓦［特］	kW
电压	伏［特］	V
压力，压强	帕［斯卡］	Pa
电流	安［培］	A

参 考 文 献

[1] 蒋先明. 蔬菜栽培学各论 [M]. 3版. 北京：中国农业出版社，2000.

[2] 胡永军，赵小宁. 黄瓜大棚安全高效栽培技术 [M]. 北京：化学工业出版社，2010.

[3] 杨春玲，吴国兴，孙克威. 日光温室瓜类栽培新技术 [M]. 北京：中国农业出版社，1996.

[4] 段敬杰. 瓜果菜嫁接与高效栽培 [M]. 郑州：河南科学技术出版社，2003.

[5] 张和义. 大棚日光温室黄瓜栽培 [M]. 修订版. 北京：金盾出版社，2008.

[6] 杨焕明，桑景光. 手把手教你种黄瓜 [M]. 北京：中国农业出版社，1999.

[7] 王久兴，闫立英. 图文精解设施果蔬栽培经验（黄瓜分册） [M]. 北京：科学技术文献出版社，2006.

[8] 李新江. 瓜类蔬菜栽培技术 [M]. 北京：中国农业出版社，2009.

[9] 张春喜. 果蔬无公害生产 [M]. 北京：气象出版社，2009.

[10] 李永胜，杜建军，谢勇，等. 无公害黄瓜无土栽培生产技术规程 [J]. 广东农业科学，2006（07）：73-76.

[11] 张福墁. 设施园艺学 [M]. 北京：中国农业大学出版社，2001.

[12] 张玉聚，李洪连，张振臣. 中国蔬菜病虫害原色图解 [M]. 北京：中国农业出版社，2010.

[13] 郑建秋. 现代蔬菜病虫鉴别与防治手册 [M]. 北京：中国农业出版社，2003.

ISBN:978-7-111-56696-0
定价:35.00 元

ISBN:978-7-111-47467-8
定价:25.00 元

ISBN:978-7-111-52313-0
定价:22.80 元

ISBN:978-7-111-56074-6
定价:29.80 元

ISBN:978-7-111-56065-4
定价:25.00 元

ISBN:978-7-111-46164-7
定价:25.00 元

ISBN:978-7-111-46165-4
定价:25.00 元

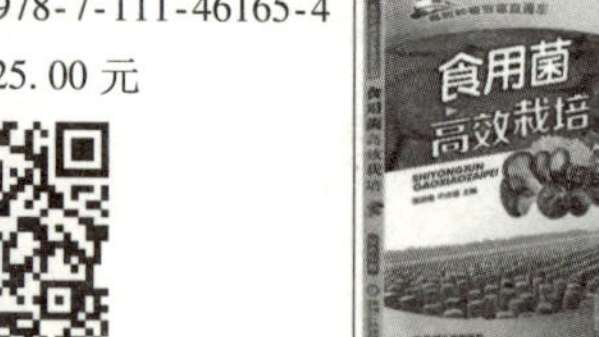

ISBN:978-7-111-52723-7
定价:39.80 元

ISBN:978-7-111-49264-1
定价:25.00 元

ISBN:978-7-111-48498-1
定价:29.80 元